环境决策支持系统

赵 英 郭 亮 编著

哈尔滨工业大学出版社

内 容 简 介

本书首先介绍了环境决策支持系统的相关概述,并阐述了环境大数据研究的价值和环境数据获取方法。然后着重介绍了环境决策支持系统的核心技术和数据获取方法,包括 3S 技术在环境领域中如何应用,环境决策支持系统的核心组件(数据库、模型库、方法库、知识库和人机交互系统)的功能和作用;并结合目前研究热点,介绍智能决策支持系统和群决策支持系统。最后介绍环境决策支持系统平台实际案例。本书的特色是将决策支持系统技术引入环境领域,阐述如何解决各种环境问题。

本书是专供环境科学、环境工程、给排水科学与工程专业本科教学使用的环境决策支持系统教材。其所依托的实验课程 2018 年获批流域水环境决策支持系统国家虚拟仿真实验教学项目,2020 年被认定为首批国家级一流课程。本书内容涵盖面较广,环境决策支持系统中包含的基础理论、知识要点都有所涉及,也可为相关流域、区域性生态环境协同治理提供参考。

图书在版编目(CIP)数据

环境决策支持系统/赵英,郭亮编著. —哈尔滨:
哈尔滨工业大学出版社,2022.10
ISBN 978-7-5603-9996-6

Ⅰ.①环…　Ⅱ.①赵…②郭…　Ⅲ.①环境决策-决策支持系统-研究　Ⅳ.①X-01

中国版本图书馆 CIP 数据核字(2022)第 052765 号

策划编辑　贾学斌
责任编辑　张义琇
出版发行　哈尔滨工业大学出版社
社　　址　哈尔滨市南岗区复华四道街 10 号　邮编 150006
传　　真　0451-86414749
网　　址　http://hitpress. hit. edu. cn
印　　刷　黑龙江艺德印刷有限责任公司
开　　本　787 mm×1 092 mm　1/16　印张 13　字数 304 千字
版　　次　2022 年 10 月第 1 版　2022 年 10 月第 1 次印刷
书　　号　ISBN 978-7-5603-9996-6
定　　价　38.00 元

(如因印装质量问题影响阅读,我社负责调换)

前　　言

推进我国生态文明制度体系建设,提升生态环境治理水平是重大的时代课题。近年来,以人工智能、大数据、物联网为依托的新一代信息技术正快速改变着人们的生活环境,智慧水务、智慧环卫、智慧城市等建设部署,推进了传统基础建设向智能化升级,实现社会、经济与环境的协调发展已经成为全人类的共同目标。在大数据背景下,传统生态环境管理与决策正从以管理流程为主的线性范式逐渐向以数据为中心的扁平化范式转变,管理与决策中各参与方的角色和信息流向更趋于多元和交互。面向多源、异构和跨模态复杂社会信息,跨领域、多层级的生态环境治理逐渐呈现出多主体整合、全景式管理、高频动态计算、梯级决策优化、精准化策略等特征需求。如何建立大数据驱动的生态环境管理多主体共创与协调管理模式,探索领域导向的大数据价值发现理论与方法,构建满足决策时效需求的全景式生态环境公共管理体系,已经成为提高我国生态环境治理现代化水平的科学问题,引起国内外学界的广泛关注。

决策支持是一门将自然科学的定量分析与社会科学的定性分析完美结合的学问,是用定量的方法处理决策者的价值判断。决策支持系统在 20 世纪 80 年代中期引进我国,经过近 40 年的发展,已经在我国多个领域发挥了重要的作用。但目前决策支持系统技术在环境领域的应用仍然较少,尤其缺乏真实有效的决策支持平台的建立,以往建立的平台结构简单、功能单一,无法实现智能化决策的目的,因此急需开发新的相关技术和方法,提高环境决策支持系统的建设能力,而相关建设人员必须熟练地掌握环境决策支持系统相关技术。编者从事本科生"环境决策支持系统"这门课程的教学任务多年,发现可借鉴的相关书籍较少,已有的书籍多为或者是某一个案例的总结和分析,或者是决策支持系统理论的介绍,一直未找到能够将二者很好地结合,即系统地介绍决策支持系统相关技术,并且将技术与案例相结合的书籍,而这正是编者编写本书的主要目的。本书系统地总结环境决策支持系统中的关键技术和方法,并介绍两个环境决策支持系统的平台实例,通过理论学习、案例分析,读者能更好地了解环境决策支持系统中各个组成部分、各种技术在环境决策中的地位和作用,从而具备建设系统平台的能力。

本书主要内容分为四个部分:(1)环境决策支持系统概述(第 1 章)。本章着重介绍了决策、决策支持系统和环境决策支持系统的相关概念,环境决策支持系统的特点、技术基础、发展方向和主要应用领域。(2)大数据背景下环境决策支持系统数据及其获取(第 2 章)。这部分介绍了环境大数据的基本知识,研究环境大数据的价值和环境决策支持系统中数据的获取方法。(3)环境决策支持系统的核心技术和方法(第 3 章、第 4 章、第 5

章)。第 3 章介绍了 3S(GIS、RS、GPS)技术的基本概念以及它们在环境领域中如何应用;第 4 章介绍了环境决策支持系统的核心组件——数据库、模型库、方法库、知识库和人机交互系统的基本概念,以及它们在系统中如何设计、在系统中的功能和作用;第 5 章结合目前的研究热点,介绍了智能决策支持系统和群决策支持系统,智能决策支持系统中的智能方法主要包括专家系统、神经网络、机器学习、自然语言理解,群决策支持系统着重介绍了在环境领域中的应用。(4)环境决策支持系统平台实际案例(第 6 章、第 7 章)。第 6 章为流域水污染防治规划决策支持平台系统,主要介绍了系统概述、平台框架设计、数据库和模型库,重点是模型库功能的介绍;第 7 章为基于 GIS 的松花江水污染决策支持管理平台,主要介绍了研究背景及主要内容、平台系统整体设计、数据库设计、模型库设计和系统具有的功能。

本书初稿于 2018 年完成,经过三年多的教学实践,做了大量修改和完善,是专供环境科学、环境工程、给排水科学与工程专业本科教学使用的环境决策支持系统教材。其所依托的实验课程 2018 年获批流域水环境决策支持系统国家虚拟仿真实验教学项目,2020 年被认定为首批国家级一流课程。本书内容涵盖面较广,环境决策支持系统中包含的基础理论、知识要点都有所涉及,也可为相关流域、区域性生态环境协同治理提供参考。

本书由哈尔滨工业大学环境学院环境工程系赵英副教授和市政环境国家级虚拟仿真实验教学中心郭亮高级工程师统稿、编写。

由于编者水平有限,疏漏之处在所难免,望读者不吝指正。

编　者
2022 年 8 月

目　　录

第1章 环境决策支持系统概述

1.1 决策支持系统概述

1.1.1 决策

1. 决策定义

决策自古有之。从宏观上讲,决策就是制定政策;从微观上讲,决策就是做出决定。下面列举几个有代表性的决策定义。

《中国大百科全书·自动控制与系统工程卷》定义为:决策是为最优地达到目标,对若干个备选的行动方案进行的选择。

《苏联大百科全书》定义为:决策是自由意志行为的必要元素和实现自由意志行动的手段。自由意志行动要求现有目的和行动的手段,在体力动作之前完成智力行动,要考虑完成或反对这次行动的理由等,而这一智力行动以制定一项决策而告终。这个定义强调了决策是智力行动,决策是意志行动。

《大英百科全书》定义为:决策是社会科学中用来描述人类进行选择的过程的术语。这个定义强调了决策的社会科学属性。

《哈佛管理丛书》定义为:决策是指考虑策略(或办法)来解决目前或未来问题的智力活动。这个定义强调了决策的目标是解决问题,决策是智力活动。

目前,比较趋于一致的定义是1960年美国著名管理学家西蒙在《管理决策新科学》一书中提出的"管理即决策"。这个定义虽然简洁,但既切中了管理的要害,也突出了决策在管理科学和实践中的核心地位。

其他的定义还有我国学者于光远提出的"决策就是做决定"等。

总体来讲,决策是为了达到某一目的或解决某个问题,而在若干可行方案中经过科学的分析、比较、判断,从中选取最优方案并赋予实施的过程。它是一个复杂的思维操作过程,是信息搜集、加工,最后做出判断、得出结论的过程。

2. 决策基础

人的一生中面临无数的决策。人的一生中扮演的角色无论成功与否,大都取决于自己的决定。对于人生职业选择这样的决策,通常要考虑职业是否与自己的人生爱好一致、职业的前景是否良好等。实际上,爱好在漫长的人生中是会改变的,职业的前景在不同的经济、政治环境中也会改变,人们在决策时不可能预知在未来的职业生涯中可能出现的各种问题。然而人们通常就是要在这样一种认知有限的情况下对未来做出决策。决策结果将直接影响未来的发展、对事情解决的效果以及带来的收益,所以决策结果一般都是人们非常关注的。那么,什么对决策结果的正确性起到决定性的影响呢?

西蒙有一个著名的"蚂蚁"比喻:一只蚂蚁在海边布满大大小小石块的沙滩上爬行,蚂蚁爬行所留下的曲曲折折的轨迹不表示蚂蚁认知能力的复杂性,而只表示海岸的复杂性。当我们把人当作一个行为系统来看的时候,人和蚂蚁一样,其认知能力是极其单纯的。蚂蚁在海边爬行,它虽然能感知蚁巢的大致方向,但其视野是很有限的,它不能预知途中可能出现的障碍物。由于这种认知能力的局限性,所以每当蚂蚁遇到障碍物时,就不得不改变前进的方向。蚂蚁行为的复杂性看起来是由海岸的复杂性引起的。人们在决策时就有点像海边的蚂蚁,只能在有限信息和局部情况下,根据不全面的主观判断来进行决策。

受认识能力和信息处理等能力的限制,人类的理性是有限的。这种限制使得决策者不具备有关决策问题的完整知识,只能以有限的知识来解决某一问题,这就是西蒙提出的"有限理性决策",这是决策理论的核心概念和根本前提。此外,人们的技能、学识、价值观等因素也会影响其决策。可以说,一个人拥有"知识"的程度,决定其决策和行动的合理性和满意的程度。

3. 决策要素

决策作为一个动态过程和网络系统,是由多种相关因素构成的有机整体,其中主要的因素为决策要素。一般认为,决策要素包括决策者、决策对象、决策信息、决策理论与决策方法、决策准则、决策结果等。

(1)决策者。

决策者是指做出最后决定的"人",可以是个人,也可以是决策群体、集团或团体的代表。决策者也是对决策结果承担责任、风险的主体。它是决策中最具主动性的要素,是搜集信息、分析情况、确定目标、选择方案的具体实施者,是进行决策的关键。

决策者必须具备合理的智力结构。一个具有合理智力结构的决策者,不仅能使人各尽其才,而且可以通过有效的结构组合,发挥出巨大的集体力量。例如刘邦赞扬张良具有"运筹帷幄之中,决胜千里之外"的决策能力。

决策者必须具备科学的思维方法。它是科学方法在个体思维过程中的具体表现。科学思维的两个基本要素是尊重事实和遵循逻辑。偏执、主观是决策者的大忌。决策者必须具备良好的品德修养。总之,决策主体的水平直接决定决策的质量和水平。

(2)决策对象。

决策对象是指决策系统中决策者可以施加影响的事物,有时也包括决策者在内。决策对象具有以下三个特点:

①人的行为能够对之施加影响。无论是宏观的事物,还是微观的事物,只有人的行为能够影响它时,才能成为决策对象。例如总工程师的决策对象是他主管的工程。随着人类社会的发展,人的行为所能影响的范围不断扩大,越来越多的事物进入人们的决策范围,成为决策对象,所以决策对象概念的外延是不断发展的。

②具有明确的边界,即有明确的内涵和外延,能确定其系统的层次,这样才能够确定其整体性质。

③有些决策对象包括决策者自身在内。例如在一个企业中,领导集团是决策者,也是决策的具体实施者,因此也就成为决策对象。

(3)决策信息。

决策信息可反映决策需要,并可为正确决策提供客观依据的各种信息。它是连接决策主体和决策客体的桥梁。全面、及时、准确地把握有关决策信息,是进行科学决策的重要保证。

(4)决策理论与决策方法。

决策理论与决策方法是实行科学决策的手段和工具,能为科学决策提供正确的途径。

(5)决策准则。

决策准则(选择标准)是决策者用来比较和选择方案的标准,是选择方案、做出最后决定、评价决策结果的原则。决策准则应与决策目标相互协调。

(6)决策结果。

决策结果即选定的决策方案。所有的决策活动都是为取得好的决策结果。只有决策结果正确,在实践中能取得好的决策效益,才能证明决策的成功。因此,决策结果是检验决策是否正确有效的尺度,也是决策过程不可缺少的要素之一。

4.决策过程与再决策

(1)决策过程。

通常决策都是针对复杂问题而得到的方案,这种方案的获取不是简单的活动,而是一个复杂的过程。决策过程是指从发现问题到制定和实施解决问题方案的完整过程。该过程通常包含以下几个阶段。

①确定决策目标。

这个过程从基础资料收集开始,寻找需要的信息和知识,明确要解决的问题,确定问题的大小,寻找问题发生的原因,对问题的发展进行预测,在客观地估计环境条件、组织条件和资源条件的基础上,确定所要努力达到的目标。目标应该是具体的、明确的。

②制定备选方案。

拟订方案即提出两个或两个以上的可行方案供比较和选择。决策过程中要尽量将各种可能实现预期目标的方案都设计出来,避免遗漏那些可能成为最好决策的方案。当然,备选方案的提出既要确保足够的数量,更要注意方案的质量。应当集思广益,拟订出尽可能多的富有创造性的方案,这样最终决策的质量才会有切实的保证。

③选择方案。

选择方案即对拟订的多个备选方案进行分析评价,从中选出一个最满意的方案。这个最满意的方案并不一定是最优方案,只要能依据决策准则的要求实现预期目标,这样的决策就是合理的、理性的。

具体来说,合理的决策必须具备以下条件:

a.决策结果符合预定目标的要求。

b.决策方案实施所带来的效果大于所需付出的代价,即有合理的费用效果比或成本收益比。

c.妥善处理决策方案的正面效果与负面效果、收益性与风险性的关系。

④方案的实施。

当方案选择好之后,需要按照方案的具体要求进行落实,即方案的实施。方案实施的效果是决策的关键,因此方案的实施是决策过程中至关重要的一步。方案的实施一定要规范和细致,严格按照方案的细节进行操作。通常要做好以下工作:

a.制定相应的具体措施,保证方案的正确执行。

b.确保有关决策方案的各项内容都为所有人充分接受和彻底了解。

c.运用目标管理方法把决策目标层层分解,落实到每一个执行单位和个人。

d.建立重要工作的报告制度,以便随时了解方案进展情况,及时调整行动。

⑤追踪和评估方案。

一个大规模决策方案的执行通常需要较长的时间,在这段时间,情况可能会发生变化,必须通过定期的检查评价,及时掌握决策执行的进度,将有关信息反馈到决策机构。决策者依据反馈的信息,及时跟踪决策实施情况,对局部与既定目标相偏离的应采取纠正措施,以保证既定目标实现;对客观条件发生重大变化、原决策目标确实无法实现的,则要重新寻求问题,确定新的目标,重新制定可行的决策方案并进行评估和选择。

(2)再决策。

决策过程强调了决策的实践意义,明确决策的目的在于执行,而执行又反过来检查决策是否正确、环境条件是否发生重大的变化,把决策看成是"决策—实施—再决策—再实施"的过程。所谓再决策就是追踪决策,即在实施过程中出现新问题以后,为修改原决策所做的决策。例如原来第一步的决策目标是提高产量25%,但在探讨各种可行方案或者实施方案时,未能达到这样高的目标,不得不重新修改目标,降低为提高产量20%,重新选择方案,再次决策。

1.1.2 决策支持系统

决策支持系统的发展经历了信息系统、管理信息系统和决策支持系统三个阶段(图1.1)。

图1.1 决策支持系统的发展阶段

1. 信息系统

信息系统是具有采集、处理、管理和分析数据能力的计算机系统,它能为单一的或有组织的决策过程提供各种有用信息。

从计算机角度看,信息系统是由计算机硬件、软件、数据和用户四大要素组成的系统。用户包括一般用户和从事系统建立、维护、管理和更新的高级用户。

(1)简单的信息系统。

常见的信息系统是针对字符、数字等数据建立的系统,例如数据查询系统。

图 1.2 是某医院的信息系统,它的功能是更好地为患者就医提供服务,并帮助医生对患者的情况进行全面的了解,更好地采取治疗方案。例如患者住院的很多信息在系统中都能看到,患者是什么病,都采用了哪些治疗方案,目前状况如何,这为医生提供了全面的决策信息,为最优治疗方案的制定提供了翔实的信息。

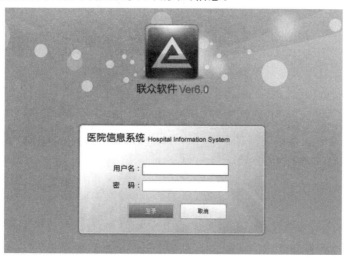

图 1.2　某医院的信息系统

(2)空间信息系统。

针对研究问题的不同,有的信息系统不仅仅局限于对数字、符号类的数据进行管理和分析,有时会对一些位置数据进行管理和分析,这些数据通常称为空间数据,而对空间数据进行采集、处理、管理和分析的信息系统称为空间信息系统。由于空间数据的特殊性,需要建立位置数据与位置下存在实体的属性特征之间的一一对应关系,使空间信息系统的组织结构及处理方法有别于一般信息系统。地理信息系统(Geographic Information System, GIS)是一种特定而又十分重要的空间信息系统,它对空间数据的储存、管理和分析具有不可比拟的优势。例如现需要了解山东省各地区空气质量情况,除了得到每个地区的 PM2.5 数据外,希望看到更加直观的空气质量空间分布图,这时就可以利用已经建立好的空间信息系统查询到山东省空气质量分布 GIS 地图(PM2.5 数据)。在地图中将每个地区的位置数据与该地区的 PM2.5 数值一一对应,以不同的颜色直观地展示出山东省各个地区的空气质量的好坏,方便管理者对相关问题进行研究。

2. 管理信息系统

信息系统是最简单的数据查询系统,它注重的是信息查询的功能。信息系统进一步发展,对系统中的数据具有更强的管理能力,信息系统的分析能力也进一步加强,能够提供给使用者更多的服务时,就变成了管理信息系统。

管理信息系统(Management Information System, MIS)是由人和计算机相结合对管理信息进行收集、存储、维护、加工、传递和使用的系统,它是以计算机为基础,支持管理活动和管理功能的信息系统,是信息系统进一步发展的产物。例如人事管理信息系统、财务管理信息系统、教学管理信息系统、环境管理信息系统等。

3. 决策支持系统

管理信息系统进一步发展,如果通过对数据和信息的分析能得到诸多辅助决策的方案,可以帮助管理者更好地制定管理策略和方法,这时管理信息系统就变成了决策支持系统。

决策支持系统(Decision Support System, DSS)是在管理信息系统基础上发展起来的一种信息系统,它是利用大量数据,有机组合各类模型,在计算机上建立多个决策方案,通过人机交互,辅助各级决策者实现科学决策的系统。它不仅为管理者提供数据支持,还提供方法和模型的可能支持,并对问题进行仿真和模拟,从而辅助决策者进行决策。

(1)决策支持系统与管理信息系统的联系和区别。

决策支持系统是在管理信息系统基础上发展得到的,二者有必然的联系,又各具特点。

①决策支持系统与管理信息系统的联系。

决策支持系统是从管理信息系统的基础上发展起来的,都是以数据库系统为基础,都需要进行数据处理,也都能在不同程度上为用户提供辅助决策信息。

②决策支持系统与管理信息系统的区别。

a. 管理信息系统是面向中层管理人员,为管理服务的系统;决策支持系统是面向高层人员,为辅助决策服务的系统。

b. 管理信息系统综合了多个事务处理功能,如生产、销售、人事等;决策支持系统是通过模型计算辅助决策。

c. 管理信息系统是以数据库系统为基础,驱动方式是数据驱动;决策支持系统是以模型库系统为基础,驱动方式是模型驱动。

d. 管理信息系统分析着重于系统的信息需求,输出报表模式是固定的;决策支持系统分析着重于决策者的需求,输出的数据是计算的结果。

e. 管理信息系统追求的是效率,即快速查询和产生报表;决策支持系统追求的是有效性,即决策的正确性。

f. 管理信息系统支持的是结构化决策,这类决策是已知的、可预见的,而且是经常的、重复发生的;决策支持系统支持的是半结构化决策,这类决策是指既复杂又无法准确描述处理,而且涉及大量计算,既要应用计算机又需要用户干预,才能取得满意结果的决策。

(2)决策支持系统的作用。

决策支持系统能为决策者提供决策所需要的数据、信息和背景材料,帮助决策者明确决策目标和进行问题的识别,使用、建立或修改决策模型,提供各种备选方案;通常借助模拟手段对各种方案进行评价和优选,通过人机对话进行分析、比较和判断,为正确决策提供有益的帮助。

例如某企业决策支持系统(图 1.3),通过运用商业模型等对一些基础数据进行分析,得到相应指标,进一步通过对这些指标值的分析和评价,判断企业的每种行为(如每次签约)可以为他们带来多少收入、纯利润是多少、风险损失有多大,从而决定这种行为是否可取,为企业正确决策(如是否签约)提供有益的帮助。

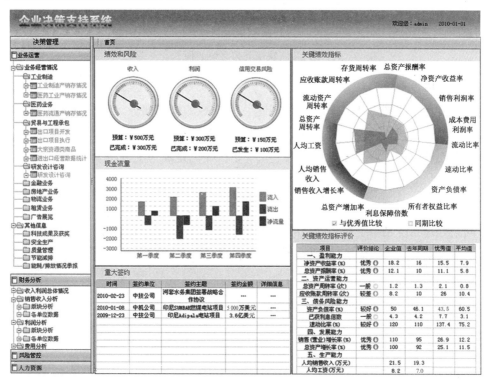

图 1.3　某企业决策支持系统

需要注意的是,决策支持系统可为决策者提供辅助决策的有用信息或者方案,但通过它获得的结果通常不能直接用来决策,需要人根据不同环境和条件对它进行适度更改。也就是说,决策是由人来制定的,即决策制定是由决策者利用决策支持系统来完成的。

1.1.3　决策支持系统的构成

决策支持系统通常由六部分构成:交互语言系统、问题处理系统、知识库系统、数据库系统、模型库系统和方法库系统(图 1.4)。

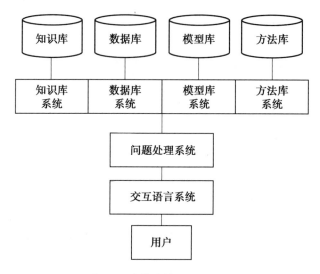

图 1.4　决策支持系统的构成

1. 交互语言系统

交互语言系统又称可视化系统,它是用户与 DSS 的接口部分。由于 DSS 所面临的问题具有不确定性,所以系统必须研制出一个窗口,通过这个窗口,用户能很方便地表达和描述决策问题以及解题要求并输入给 DSS,而 DSS 也是通过它把各种处理结果显示给用户。

2. 问题处理系统

问题处理系统是整个系统的核心部分,其他各部分都是为它服务的。它的详细功能在 1.1.4 决策支持系统求解过程中介绍。

3. 知识库系统

知识是人类在解决相同问题时常用的做法、经验。知识库系统是一个能提供各种知识的表示方式,能够把知识存储于系统中并实现对知识方便灵活地调用和管理的程序系统。知识库系统具有知识获取和自动推理的机能。知识库系统一般由知识库、知识库管理系统和推理机构成。

4. 数据库系统

数据库系统是由数据库及数据库管理系统组成。数据库是 DSS 求解问题的主要数据源。它与传统的数据库相比,有更多的数据源,汇集了来自信息系统内部、外部及解题所需的全部数据和信息。数据库管理系统是实现数据库存取和各种管理控制的软件,它是数据库系统的中心枢纽,对数据库的操作全部通过数据库管理系统来完成。

5. 模型库系统

模型库系统是由模型库及模型库管理系统组成。模型库包括各种模型及附件,模型库管理系统是对模型进行管理和使用的软件。

DSS 是由模型驱动的,模型库和模型管理系统是 DSS 软件系统的重要组成部分。总之,DSS 中有什么样的模型,DSS 就能解决什么样的环境问题。DSS 的模型库具有智能作用,在 DSS 中不是简单地使用模型,而是帮助人构建模型、检验模型、修改模型和发展模型,并提供强有力的分析功能。

6. 方法库系统

方法库系统是由方法库及方法库管理系统组成。其基本功能是为各种模型的求解分析提供必要的算法(图 1.5)。方法库现大多合并在模型库中。

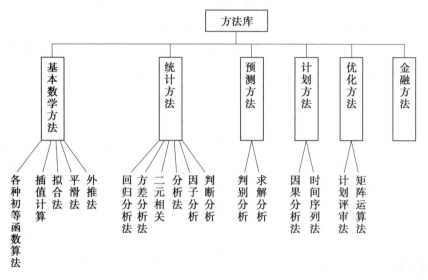

图 1.5 DSS 中方法库的部分算法

1.1.4 决策支持系统求解过程

决策支持系统的求解过程主要是利用 DSS 中的问题处理系统来实现的,一般求解过程分为六个步骤。

(1)识别问题。用户通过交互语言系统,把关于问题的描述和要求输入 DSS 交互语言系统对其进行识别和解释。

(2)建立模型。问题处理系统通过知识库或数据库系统,收集与该问题有关的各种数据、信息和知识,判定问题的性质和求解过程。通过模型库系统,集成构造解题需要的模型,对该模型进行分析鉴定。

(3)执行模型求得决策方案。在方法库中识别模型计算需要的具体算法,应用模型和算法在知识库中寻找可实现决策目标的决策方案。决策方案通常不唯一,对得到的多个决策方案进行初步分析评价。

(4)决策的综合评价。综合评价分析多个决策结果,找到适合不同环境下的最优方案,若都不满意则进入下一步。

(5)修改模型。根据实际问题、用户要求、评价结果和反馈信息等,修正方案或模型,整个过程可以迭代进行,直到结果满意为止。

(6)形成最终问题的解,以支持用户进行决策。

1.2 环境决策支持系统概述

1.2.1 环境决策支持系统

将决策支持系统引入环境领域就产生了环境决策支持系统。环境决策支持系统(Environmental Decision Support System,EDSS)是将DSS引入环境规划、管理、决策工作中的产物。它的主要目的是帮助决策者解决环境问题中常遇到的半结构化的问题。

通常根据决策过程的可描述程度,决策可划分为结构化决策、非结构化决策和半结构化决策三种。

1.结构化决策

结构化决策一般指决策方法和决策过程有固定的规律可循,目标比较明确,过程结构比较清楚,可用形式化的方法描述和求解的一类决策问题。通常用数学方法来解决的决策问题,如统计报表、生产调度、投入产出计算等。

2.非结构化决策

非结构化决策指决策过程复杂,不可能用确定的模型和语言来描述其决策过程,更无所谓最优解的决策。它的目标不明确或不同的目标相互冲突,其决策过程和决策方法没有固定的规律可以遵循,没有固定的决策规则和通用模型可依,决策者的主观行为(学识、经验、直觉、判断力、洞察力、个人偏好和决策风格等)对各阶段的决策效果有相当影响。它是决策者根据掌握的情况和数据,并依据经验临时做出的决定,如疾病的诊断、贷款评估等。对于这类决策,人工智能技术可发挥较为重要的作用。

3.半结构化决策

半结构化决策指可以利用适当的算法产生决策方案,使决策方案得到较优的解。半结构化决策的过程和方法有一定规律可以遵循,但又不能完全确定,即有所了解但不全面、有所分析但不确切、有所估计但不确定。这样的决策一般可适当建立模型,但难以确定最优方案。通常环境问题中所遇到的决策大部分属于这种情况,如企业选址问题、污染源管理问题等。

1.2.2 环境决策的特点

近年来,可持续发展概念的兴起从根本上丰富了环境保护的理论,环境系统、社会系统、经济系统已经紧密地结合在一起(图1.6)。环境决策也不单纯是环境污染治理、环境保护,而是强调环境、社会、经济的统一决策,实现在公平基础上的总体量优或满意的决策。

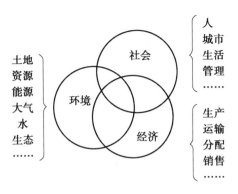

图 1.6　环境、社会、经济的相互关系

因此,环境决策的特点总结如下:

(1)涉及范围广,是社会、经济、环境等因素的综合。

(2)开放性、复杂性。

(3)动态性。

(4)滞后性,由于环境本身的特点,决策实施后的影响需要一定时间才能显现。

(5)辅助性。

1.2.3　环境决策支持系统的技术基础

一个环境决策支持系统的功能是否强大,取决于其关键技术是否完善。环境决策支持系统的关键技术如下:

(1)遥感(RS)技术:大规模获取空间数据。

(2)全球定位系统(GPS)技术:提供地理定位导航数据。

(3)地理信息系统(GIS)技术:对空间数据的分析、处理和可视化显示。

(4)数据库系统:存储和管理空间数据。

(5)模型库系统:存储和管理各种应用模型。

(6)知识库系统(专家系统):存储专家知识,模拟人类专家解决领域问题的计算机程序系统。

(7)问题处理系统:识别用户问题,利用数据、模型和知识经过综合分析、计算和评估,形成最终问题的解,以支持用户决策。

(8)智能决策与群决策技术:利用先进技术提高决策水平和准确率。

以上关键技术将在后续章节中陆续介绍。

1.2.4　环境决策支持系统未来发展方向

环境决策支持系统是一个较新的技术,目前还存在一些问题。随着人们对该技术不断深入地研究,未来的环境决策支持系统功能将更强大,主要的发展方向如下:

1. 重视用户界面设计

用户界面是否容易掌握和便于使用、是否具有高度的灵活性,对于 EDSS 具有举足轻重的影响。对用户界面的设计应引起足够重视，须对最终用户进行广泛深入调查，在充分征询意见的基础上，设计出良好的用户界面。

2. 增强空间数据处理能力

宏观环境规划与管理需要对大量的空间数据进行分析和处理，普通的数据库管理系统已难以满足这一要求，而地理信息系统（GIS）在这方面表现出其特有的优势，因此 GIS 在环境决策支持系统中的应用越来越广泛。

3. 发挥人工智能在交互多目标决策中的作用

将人工智能引入环境决策过程中，可解决复杂的决策问题，如半结构化或者非结构化等不确定性问题，提高决策水平和准确性。

1.2.5 环境常规管理与应急管理决策支持系统

1. 环境常规管理决策支持系统

由于环境管理的内容涉及土壤、水、大气、生物等各种环境因素，环境管理的领域涉及经济、社会、政治、自然、科学技术等方面，环境管理的范围涉及国家的各个部门，所以环境管理具有高度的综合性。

环境常规管理的主要内容可分为三方面：

（1）环境计划的管理：环境计划包括工业交通污染防治计划、城市污染控制计划、流域污染控制计划、自然环境保护计划，以及环境科学技术发展计划、宣传教育计划等；还包括调查、评价特定区域的环境状况和基础区域的环境规划。

（2）环境质量的管理：主要有组织制定各种质量标准、各类污染物排放标准和监督检查工作，调查、监测和评价环境质量状况以及预测环境质量变化趋势。

（3）环境技术的管理：主要包括确定环境污染和破坏的防治技术路线和技术政策，确定环境科学技术发展方向，组织环境保护的技术咨询和情报服务，组织国内和国际的环境科学技术合作交流等。

环境常规管理是一个涉及多学科、多因素的复杂领域，环境管理的水平将直接影响人们日常生活和经济的发展。决策支持系统为人们提供了分析问题、构建模型、模拟决策过程和效果的决策环境，成为解决半结构化问题和非结构化问题的有效工具。随着人工智能技术的飞速发展及应用，决策支持系统不仅能解决定量的问题，而且也能很好地处理不确定的、模糊的、定性的知识，从而辅助决策者做出科学的决策。环境管理决策支持系统是环境管理信息化的重要工具，是辅助进行环境规划、管理与决策的有效途径。

2. 环境应急管理决策支持系统

在环境突发事件应急管理过程中，政府起着关键作用。环境突发事件产生的后果对社会经济发展和人民安居乐业具有重要影响。政府在环境突发事件中的管理决策行为直接影响突发事件处理的效果。

　　由于突发事件发生演化的复杂性,在突发事件管理中及时、正确地做出决策成为现代政府面临的巨大挑战。环境应急管理决策支持系统综合运用系统分析方法、博弈论和行为管理等理论与方法,从环境突发事件的演化机理与政府应急管理架构、政府应急管理决策模型、应急管理机制设计及措施建议等方面进一步丰富和补充了现有的应急管理理论与方法,为政府应急管理决策行为提供一定的科学参考依据。

1.3　环境决策支持系统的应用领域

1.3.1　信息管理决策支持系统

　　信息管理系统是一种以计算机为基础,支持管理活动和管理功能的信息管理工程,具体而言,是由人和计算机相结合,对相关信息进行收集、存储、维护、加工、传递和使用的系统。

　　如今发展迅速的计算机程序设计语言可以描绘出抽象的过程,集中表现了数据库技术和程序设计技术的发展。实际上,我国计算机网络系统的数据库管理系统还具有较强的依赖性,数据和程序难以相互独立。运用微机数据库管理系统来编写语言时,必须要让应用程序直接访问数据库的逻辑存储结构。所以,设计一个精密的软件系统,让信息系统的数据库系统和逻辑存储结构相互独立是实现计算机网络信息管理与决策支持系统独立的重要环节。一个网络信息系统应由数据库访问基本程序系统、软硬件系统、用户界面、加工处理几部分构成,各部分间的关系如下:

1. 程序数据高独立性

　　通过单独把网络共享信息库系统和网络系统的基础数据库系统的相关属性描述出来,建立了属性描述数据库系统。为响应要求对数据库的数据进行输入、修正、打印及查询等的用户,以此系统为基础,又建立起面向网络共享信息库系统、基础数据库的输入输出访问程序模块,实现了基础数据库系统与网络共享信息库系统的数据存储结构间的高度独立化。当基础数据库的结构改变时,输入输出访问系统不需改变,而只需保证对应的属性描述数据库系统有足够的说明使模块适应环境变化。该系统结合起基础数据和各个数据库的访问操作,它的结构模式与面向对象的程序设计有高度的相似性,拥有高度的独立性,为适应新的系统环境的变化,数据库的基本操作模块和逻辑存储结构需发生相应的变化。该系统高度的独立性也为事后维修奠定了坚实的基础。

2. 取得软硬件系统的功能援助

　　在进行系统体系结构设计时往往分别设置系统共享基础数据库系统和网络共享信息库系统,这有利于使数据库的设计更具有技巧性,同时保证应用系统数据的完整性、安全性。

3. 系统应答响应的高灵敏度

　　为了提高信息系统应答响应的速度,需建立起关键字汇总数据库。预先设置好的关键字属性的整合,减少了信息系统面临不同访问要求的匆忙和工作量,同时系统数据的占用空间也没有增大。作为信息系统一项极其重要的性能风向标,系统的应答灵敏度经常是计算机网络系统的一个难题。

4. 决策支持的灵活

决策支持系统是建立在信息管理系统的基础上,但不包括在其中,因此许多决策方案的选择和信息管理系统中各项数据功能的显现,全部决定于决策支持系统的设计者和系统的生存环境。

5. 良好的用户界面

当下,各国都追求设计良好的用户界面,都把高度独立化和智能化作为用户界面的最高目标。

6. 软件重用技术性强

随着科技的迅速发展,软件系统的可移植性与可重用性问题已然占据极为重要的地位,因为产品价值的大小一定程度上由其衡量。

将决策支持系统应用于信息管理系统中,形成信息管理决策支持系统,该系统是对企业的日常运作和发展进行管理和决策的系统,信息管理决策支持系统基本模式如图1.7所示。

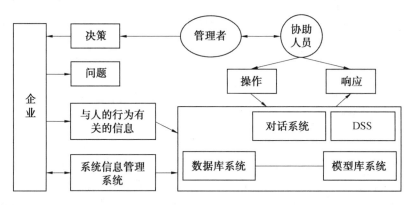

图1.7 信息管理决策支持系统基本模式

由图1.7可以看出,管理者处于核心位置。管理者运用相关知识把决策支持系统的响应输出结合起来,对所管理的企业进行决策。对企业而言,提出的问题和操作数据是输出信息流,而做出的决策则是输入信息流。图1.7的下部分表示与决策支持系统有关的基础数据,包括统计信息管理系统提供的信息和与人的行为有关的信息等。图1.7的右边是决策支持系统(DSS)。决策者运用自己的知识和经验,结合决策支持系统响应的输出,对所管理的企业进行决策。

其中,数据库系统提供企业的内部数据和外部数据,可以适应管理者广阔的业务范围。模型系统通过人机交互语言使决策者能方便地利用模型库中各种模型支持决策,引导决策者建立、修改和运行模型。对话系统是决策支持系统的人机接口界面,负责接受和检验用户的请求,协助数据库系统和模型数据库系统之间的通信,为决策者提供信息收集、问题识别以及模型构造、使用、改进、分析和计算等功能。

1.3.2　诊断识别决策支持系统

在现代化生产中,设备安全可靠的运行显得尤为重要。设备故障是影响设备安全可靠性的重要因素,对其进行处理是重中之重。设备故障的诊断识别经历了以下几个过程。

1. 事后维修体制

在出现了设备安全故障问题之后,对设备进行维修。这种方式完全不具有预先发现问题、解决问题的功能,对生产影响很大。

2. 定期预防性检修

事先安排好设备的检修周期,到期就停掉设备进行检修。这种方式无法考虑设备的具体情况,检修周期相对保守,易出现不必要的停机与过度维修,造成人力、物力的浪费。此外,由于没有状态监测和故障诊断技术的指导,这种检修往往带有很大的盲目性。

3. 状态诊断识别

这种过程以设备当前的实际工作状况为依据,通过高科技状态检测手段,识别故障的早期征兆,对故障部位、故障严重程度及发展趋势做出判断,从而确定各设备的故障状态及处理时机。

状态诊断识别是当今耗费低、技术先进的策略,它为设备安全、稳定、长周期、全性能、优质运行提供了可靠的技术和管理保障,因此诊断识别决策支持系统的开发具有重要意义,它可以察觉到故障发生前的细微变化,并给出诊断的结论和相应的处置办法,可以对故障的发生起到一定的遏制作用。

1.3.3　预测规划决策支持系统

预测就是以统计资料为基础,根据事物的内在联系和发展规律,运用统计方法,推测研究对象在未来可能出现的趋势和达到的水平。预测的一般程序包括:

(1)确定预测目标:根据需要和可能选择适当的预测课题,建立预测目标。

(2)收集、整理数据资料:数据资料要力求完整、准确和适用。

(3)选择预测方法:选择正确的预测方法是预测成功的关键。预测方法不同,预测结果就不一样,最好综合运用几种不同方法进行预测,以保证预测的科学性和正确性。

(4)建立预测模型:在社会经济理论的指导下(或者相应的业务经验的指导下),建立模拟客观实际的数学模型。建立数学模型是技术处理的核心,一般分为理论模型设计、模型参数估计、模型检验与修正几个部分。模型的检验与修正是十分重要的环节,它决定着模型的应用价值。

(5)进行实际预测:模型通过检测后,就可以进行预测。

(6)分析预测结果:预测误差在所难免,通过计算各种误差指标来评价预测的精度,并在一定的概率保证度下,给出事后预测(即根据预测模型计算过去时期的数值)和事前预测(即根据预测模型推算未来时期的数值)结果的置信区间,评价预测的可靠性。

(7)提出预测分析报告:分析报告应包括预测目标、预测对象及有关因素、主要资料来源、预测方法的选择、模型的建立与检验、预测结果以及对预测结果的评价等内容。

(8)根据新的情况,修正预测,并且对预测结果和实际结果进行比较,不断地改进模型。

预测是一门技术上比较成熟的学科,它也是决策的基础。在绝大多数决策问题中,预测都占有很大的比例,因而科学预测是进行决策的依据和保证。

在水环境规划、评价和管理工作中,往往需要根据当前的水质状况、污染物的迁移特性以及流域内污染源的排放情况来预测水质未来的变化趋势,以便采取必要的措施,防患于未然。水源水质的预测通常是利用历史数据,通过不同的预测方法推求环境变量(预测指标以外的所有可能变量)与待预测水质指标之间的非线性关系或待预测水质指标本身随时间的变化规律。目前,比较常用的预测方法有水质模拟预测、神经网络模型预测、时间序列预测法和灰色预测模型法等。

水环境系统组分的多样性和水中污染物组分间作用的复杂性,导致了以非线性、非结构化或半结构化为主要特征的水源水质持续不断的动态变化,而现有的机理预测模型又很难模拟这样的过程,随着系统预测技术和水质检测手段的发展及计算机应用水平的不断提高,新的应用数学理论和方法为模拟水源水质复杂的动态变化过程提供了新的途径,成果不断有所突破。但多数的水质预测研究集中在针对某一种方法的研究及该方法在某一预测中的具体应用,缺乏对各种方法的横向比较。基于这种情况,有必要在对这些数学理论和方法深入研究的基础上,通过分析已有的研究成果,分析和优选这些理论与方法应用的适宜条件。

随着预测规划科学的深入发展及计算机的推广应用,用于决策支持的计算机预测系统开发,即预测支持系统是预测、决策及计算机应用有机结合的成功尝试。它不仅是促进定量预测与定性预测相结合的有效途径,也是把预测分析问题作为单项分析处理向综合分析处理直至最终向系统分析处理过渡的保证。特别是这个系统成功解决了预测与决策分析中的技术难题——可操作性问题,使预测技术最终成为经济活动分析中的常用工具。

在预测规划决策支持系统中,首先,可以根据客观实际,在决策者和专家的支持下建立预测规划相关的综合评价指标体系。在选择指标时不但要考虑评价标准的全面性,更要考虑评价标准的本质内涵。同时,考虑指标体系的可操作性、可比较性,制定出相应的综合评价指标体系。

其次,对于不同的评价目标,选择相应指标建立评价体系。利用决策者对指标的主观认识,采用多种方法,计算体系中各指标的权重关系,从而得到评价模型。将指标信息从数据库中导出,按评价模型的要求将其规范化后作为输入,得到量化的评价结果。

最后,对于不同的预测目标,选择相应指标建立预测体系。利用指标预测系统,对预测体系中的各项指标做出预测,反馈给决策者。通过对未来指标值的预测,起到预警或提示作用,辅助决策者更好地掌握事物的发展趋势。

1.3.4　应急决策支持系统

广义上,应急决策指的是人们为了做到控制和预防事故灾难,采用科学的理论和方法,系统地考虑灾难事故的主观条件和客观条件,在了解大量灾难事故情况的前提下,提出几种应对灾害事故的预选方案,并且在其中选择出符合对策纲领的最佳方案。

应急决策应该包括灾害发生前的预案决策和事故发生时的应急决策。灾害发生前制定的决策是指以往事故灾害的统计和历史经验,采用科学的预测手段预测灾害发生及发展的规律和影响因素,之后根据这些预测出来的结果,对事故进行预防、控制。人们制定的应急预案就是一种事前决策。灾害发生时的应急决策指的是事故突然发生时,需要在极短的时间内搜集、分析灾害当前得到的信息,进而明确应急的目标和任务,结合事故现场实际情况并应用应急决策系统,在事先储备的应急预案中找出针对此次突发事故的若干可行性方案,在分析和评价之后,从中选择一个或者多个满足要求的方案,组织实施并不间断地跟踪事态发展情况,实时对决策进行修改和完善,持续到应急过程结束。通常所说的应急决策就是这种发生态决策,可以说是一种狭义的定义。

与问题明确、具有较为规范决策程序的常规决策相比,应急决策是一种特殊的决策,有自己独特的决策特点。应急决策与常规决策的区别主要有以下几个方面:

(1)决策时间。常规决策可以在较为充裕的时间里做出决策。但由于突发公共事件的突发性和危害的紧迫性,应急决策没有充足的时间对事件做出全面分析,决策者必须在最短的时间内迅速做出决策。

(2)决策信息。常规决策可以全方面地收集决策所需要的信息,在对决策信息充分分析和讨论的基础上做出决策。而应急决策所需要的决策信息因为事态发展的随机性与不确定性,决策者所得到的信息往往是不完全的,这就要求决策者及时、适时地对信息进行更新,必须及时准确地掌握突发事件的最新数据和信息。

(3)可用资源。常规决策由于经过了长时间的准备,其人力、物资与技术等资源都比较充分。而应急决策由于时间紧迫,可供决策者选择和调用的资源都极其有限。

(4)决策模式。常规决策一般都有明确的目标、较为固定的决策模式,追求目标利益的最大化。而应急决策是一个具有高度风险的快速决策过程,决策目标处在动态的变化之中,而且决策没有规律可循,不存在固定的决策模式。常规决策与应急决策之间的区别见表1.1。

表 1.1　常规决策与应急决策的区别

比较项	常规决策	应急决策
决策机构	常设的决策集体	高度集权的临时决策主体
决策背景	常态环境下规范化、程序化决策	紧急状态下非程序化、快速决策

续表 1.1

比较项	常规决策	应急决策
决策约束条件	已获得绝大部分信息	缺乏相关信息,获得的信息随机性和不确定性很大
决策方法	正常状态下的常规决策方法	突发事件的预警、灾害控制、资源调用等都有独特的决策方法
决策目标	目标明确,相对稳定、单一	目标多样性,呈阶段动态性变化
决策效果	追求最优化	追求满意结果

从决策的角度来看,突发事件是应急决策的决策对象,而突发事件的特点是突发性、不确定性、严重性和紧迫性。所以,突发事件发生时,需要决策者立刻响应。由于时间的紧迫性和决策者可利用的时间、信息以及资源的有限性,决策的有效性无法预知,给决策者造成很大的心理压力。因应急决策本身具有上述特点,对应急决策支持方法的时效性、灵活性、高效性等提出了更高的要求,决策者对历史经验及案例的参考则成为一种需求。

应急决策过程中,各个层次、级别决策单元之间的协作模式和协作流程不再单一固定,会根据决策对象和需求时刻进行调整。协作模式也不局限于同级之间,跨层级决策协作成为一种新的协作形式。这要求在进行决策时,能够满足对这种协作关系的灵活性。

在特殊的领域,决策的时效性是一个关键因素。例如在地震救援中,根据灾难的信息,对灾害伤亡、资源调配、行动路线等需要做出迅速的决策,否则贻误救援时机或者导致伤亡加重。解决时效性问题和高效性问题的方法是利用计算机技术实现决策方案的自动化制定,直接有效地在某种程度上代替决策者做出合理决策。本书在进行决策方法研究时,主要关注历史经验和知识给决策者带来的启发,帮助决策人员制定决策。研究过程中,将经验和知识转化为计算机能够理解和处理的信息来实现自动的定性定量分析和处理。

决策制定动态多变。应急决策因为时间和事态的发展变化决定了其本身的制定过程具有动态多变性,一贯不变的应急策略不能满足突发事件的动态变化,即不存在通用的决策方案。根据历史经验和知识来辅助制定应急决策是一种应急方法,面对不同事件类型、不同事件的发生原因及不同的环境因素,过去的经验是否完全适合当前问题的解决有待实际情况的验证。这就带来一个新的问题——如何适当调整以往案例来匹配当前事件以获得问题解决的方案,这也是应急决策未来一个重要的研究方向。

在某些情况下,多个决策方联合协作才能完成决策方案的制定、实施。例如前文中阐述的利用历史经验和知识帮助解决问题,当某个决策方的经验知识匮乏,制定高效决策的能力薄弱,导致不能对当前应急问题做出准确性判断,这时就需要其他具有决策推理能力的决策方根据自身掌握的知识及经验,推断并提供准确、有效的解决方案。

决策的一般步骤为:发现问题、问题确认、确立目标、拟定备选方案、备选方案评估、行动方案选择。应急决策作为一类特殊的决策,其过程既有一般性,又有特殊性,不妨称之为应急决策过程,该过程如图1.8所示。

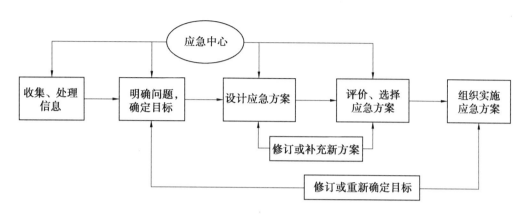

图 1.8　应急决策过程

人们通常认为应急决策是无章可循、毫无规律可言的,它是应急决策者在高度紧张和压力下依靠自己的直觉、经验和智慧在相当有限的时间内快速做出的重大决策和反应。但实际上,应急决策也不是完全没有规律可循的。

(1)收集、处理信息阶段。在突发事件刚刚发生或出现某些征兆时,迅速收集与事件有关的信息,并对其进行科学的处理,快速分析、查找事件的起因、性质,对事态的发展做出总体的、正确的估计或判断,为下一步工作奠定基础。

(2)明确问题,确定目标。明确问题就是要如实地、全面地分析说明问题的状况、产生的原因、性质、发展趋势和解决的条件等,尤其说明问题产生的根本原因,才能从本质上说明问题,从而有针对性地确定目标和制定解决方案。确定目标是应急决策的前提,这里的目标是指在一定的环境和前提下,希望达到的结果。

(3)设计应急方案。这里的应急方案是指能够快速解决由突发事件引发的问题,保证应急决策目标能够实现、具备实施条件的可行性方案。设计应急方案时,必须制定多个可行性方案,以便评价和比较,最终选择一个满意的方案。另外,还要根据问题的不同来设计不同类型的应急方案。针对原因不明的问题,应采取暂时性的应急方案,以控制事态发展的规模和速度,等待原因查明后纠正方案,多数应急决策问题属于这种情况。

(4)评价、选择应急方案。该阶段就是对设计出的应急方案进行全面、详尽的评价,从中选出一个满意方案。应急方案的作用、效果等越接近目标的要求越好。

(5)组织实施应急方案。决策一旦形成,就应迅速调集必要的人力、物力、财力,使其在时间和空间上得到合理、有效的配置,使方案有效地执行。由于决策环境的变化,要不断调整决策方案以适应新的条件、目标等,所以应急决策是一个复杂的动态过程。

由以上应急决策分析过程得知,信息收集、处理阶段的完成依靠信息监测模块功能;明确问题、确定目标阶段对应预警分析模块,包括专题研究、预测预警等操作环节;设计应急方案则是为防止应急事件发生而预先制定的对策;评价、选择应急方案以及组织实施应急方案则是在应急响应阶段,针对确定的应急问题制定相应的应急措施并采取较好的实施方案;在实施后根据方案效果进行评估和反馈,从而进行方案的调整,整个过程需要对事件进行持续监测和及时应对,直至事件结束。应急决策系统框架工作流程如图1.9所示。

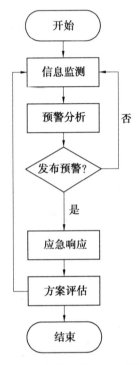

图1.9　应急决策系统框架工作流程

1.3.5 "环境保护部应急办环境应急综合管理系统"

突发环境污染事件与常规污染事件相比,破坏力更强,污染更严重,因此如何应对突发环境污染事件一直是国家比较重视的工作,要求突发污染事件发生后,5个小时之内必须有相应部门来承担责任,否则就要进行追责和制裁。原国家环境保护部应急办建立了"环境保护部应急办环境应急综合管理系统",这也是一种环境决策支持系统,该系统对全国的环境污染事件进行管理,同时也对环境进行常规监测和风险排查,对有可能出现突发污染事件的重要企业和污染源进行重点监控,对涉及区域进行重点保护,尽量避免恶性污染事件的发生。

系统采用了GIS技术,可对数据进行可视化分析和展示。当突发环境事件发生后,可对事件的基本信息、影响范围、处理方案、过程、处理效果等以GIS地图的方式进行可视化的显示,使管理者对整个事态有全面的了解,例如对已经采取措施的效果分析、下一步需要开展的应急工作如何制定等有实时详细的掌控。

系统对国内发生的突发环境事件都记录在案,可查询到指定时间内发生的突发环境事件的详细信息,这些信息可以GIS地图的方式展示,了解这些事件的时空分布情况。当新发生的污染事件产生后,需要记录到系统中,因此系统具有污染事件增加、修改和删除的功能,应当保证系统记录在案的污染事件及时更新、准确、翔实。

除了对突发事件进行管理之外,系统对于常规信息的监测和排查也是至关重要的,有效的监测和排查可以在更大程度上避免污染事件的突然发生;反过来,当污染事件突发后,对于发生地点和污染物种类的分析以及所采取的处置办法效果的分析,都可以增加管理者制定日常环境监测和排查措施的缜密性和有效性,所以常规信息管理与突发事件管理是相辅相成的,它们之间互相影响、缺一不可。

综上,"环境保护部应急办环境应急综合管理系统"是一个具有常规环境信息管理、预测以及应急决策功能的环境决策支持系统。

第2章 大数据背景下环境决策支持系统数据及其获取

2.1 认识环境大数据

2.1.1 数据与信息

数据是事实或观察的结果,是对客观事物的逻辑归纳,是用于表示客观事物的未经加工的原始素材。数据可以是连续的值,如声音、视频、图像,称为模拟数据;也可以是离散的,如符号、文字,称为数字数据。

在计算机科学中,数据是指所有能输入计算机并被计算机程序处理的符号介质的总称,包括具有一定意义的数字、字母、符号等数字量和声音、视频、影像等模拟量。计算机存储和处理的对象十分广泛,表示这些对象的数据也随之变得越来越复杂。

数据经过加工处理之后,就成为信息。信息是向人们提供关于现实世界新的事实的知识,是数据中所包含的意义。信息需要经过数字化转变成数据才能存储和传输。

信息与数据既有联系,又有区别。数据是信息的表现形式和载体,可以是符号、文字、数字、语音、图像、视频等。而信息是数据的内涵,信息是加载于数据之上,对数据做具有含义的解释。数据和信息是不可分离的,信息依赖数据来表达,数据则生动具体地表达出信息。数据是符号,是物理性的;信息是对数据进行加工处理之后所得到的并对决策产生影响的数据,是逻辑性和观念性的。数据是信息的表现形式,信息是数据有意义的表示。数据是信息的表达、载体,信息是数据的内涵,它们是形与质的关系。数据本身没有意义,数据只有对实体行为产生影响时才成为信息。

信息能对接收者的行为产生影响,它对接收者的决策具有价值。数据中隐含的信息通常不会自动地、明显地呈现出来;一个人的知识、经验的丰富程度往往决定了其可以获得的信息量的多与少。

2.1.2 环境数据的异构性

在环境决策支持系统中研究的环境数据是多源异构的,环境数据共包含三种结构(图2.1)。

1. 结构化数据

一类信息能够用数据或统一的结构加以表示,称为结构化数据,如数字、符号。结构化的数据可以使用关系型数据库表示和存储,一般用数据库中的二维表来记录并储存结构化数据,见表2.1。其一般特点是,数据以行为单位,一行数据表示一个实体的信息,每一列数据的属性是相同的。结构化数据的存储和排列是很有规律的,这对查询和修改等操作很有帮助。但是它的扩展性不好,例如增加一个字段,操作起来就比较麻烦。

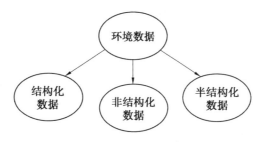

图 2.1　环境数据的异构性

表 2.1　结构化数据二维表

名称	氨氮 污染物浓度	……
监测站1	四方台	1.2
监测站2	朱顺屯	0.8

2. 非结构化数据

非结构化数据就是没有固定结构的数据。各种文本、图片、视频、音频等都属于非结构化数据。对于这类数据,一般直接整体进行存储,而且一般存储为二进制的数据格式。例如污染源分布图、遥感影像等都属于非结构化数据。

3. 半结构化数据

它是结构化数据的一种形式,但是结构变化很大,如学生简历、访问日志等。由于半结构化数据的结构变化很大,所以不用二维表进行存储。因为要了解半结构化数据的细节,所以也不能将数据简单地组织成一个文件按照非结构化数据处理。半结构化数据包含相关标记,用来分隔语义元素以及对记录和字段进行分层,因此也称为自描述的结构。通常把半结构化数据化解为结构化数据存储或用 XML 格式(可扩展标记语言)来存储。

2.1.3　环境决策支持系统中数据的分类及存在形式

1. 数据分类

在环境决策支持系统中,因为环境数据一般都具有位置性,所以将环境数据分为两大类。第一类是关于事物空间位置和形状的数据,一般用图形、图像表示,称为空间数据(狭义的),也称为地图数据、图形数据、图像数据。第二类是与空间位置有关,反映事物某些特性的数据,一般用数值、文字表示,称为属性数据,也称为文字数据、非空间数据。属性数据表现了空间实体的空间属性以外的其他属性特征,属性数据主要是对空间数据的说明。例如一个城市,它的空间位置点的坐标属于空间数据,它的属性数据有人口、GDP、绿化率等描述指标。

对空间数据(广义的)的存储和管理是环境决策支持系统不同于一般的信息系统的主要区别。空间数据结构是空间数据适合于计算机存储、管理、处理的逻辑结构,是空间数据在计算机内的组织和编码形式,是地理实体的空间排列和相互关系的抽象描述,它是对空间数据的一种理解和解释。空间数据结构也指空间数据的编排方式和组织关系。空间数据编码是指空间数据结构的具体实现,是将图形数据、影像数据、统计数据等资料按一定的数据结构转换为适合计算机存储和处理的形式。不同数据源采用不同的数据结构处理,内容相差极大,计算机处理数据的效率很大程度取决于数据结构。GIS 对空间数据的存储和管理具有无可比拟的优势,因此环境决策支持系统中通常用 GIS 对数据进行管理,数据的有效组织与管理是 GIS 系统应用成功的关键。

2. 数据存在形式

环境决策支持系统中的数据一般以数据集的方式存在,大量的数据集存放于数据库中。数据集中包含多种环境要素,这些环境要素一般是同类的,每个环境要素是一个环境实体,每个环境实体都有对应的空间数据和属性数据,空间数据是对环境实体空间特征的描述,属性数据是对环境实体属性特征的描述。数据集之间的环境要素具有一定的关联性,共同表达某一类环境问题。

例如环境数据库中有河流数据集、监测站数据集、污染源数据集,每个数据集中都有多种环境要素,如监测站数据集中包含某区域各水质监测站要素。水质监测站要素的空间数据是一些点类型的数据,直观上看到的是离散点的分布(图像),同时数据集中存储这些点的坐标;而属性数据用来说明每个监测站的属性特征,包括监测站名称、监测的水质指标、污染物浓度、是否达标等,环境要素的属性数据通常是结构化数据,一般以二维表的方式进行存储。

上述河流数据集、监测站数据集、污染源数据集中的环境要素具有一定的关联性,例如污染源排放量增大将导致监测站的某种污染物浓度上升,所处的水质功能区河流水质下降,这样就构成了一个河流污染源管理问题。利用一定的模型和方法探讨相关数据集中数据的相关性,是研究环境问题的一项重要工作。

2.1.4 环境大数据研究的意义

1. 大数据

大数据又称海量数据,指的是以不同形式存在于数据库、网络等媒介、蕴含丰富信息的规模巨大的数据。大数据是一个宽泛的概念,其定义也是见仁见智。诚然"大"是大数据的一个重要特征,但远远不是全部,不能单纯根据数据规模来定义大数据,因为不同时期,由于数据存储能力的不同,人们衡量数据规模的尺度也是不一样的。

大数据与过去的海量数据有所区别,其基本特征可以用 4 个"V"来总结,具体含义为:

(1)Volume,数据体量巨大。可以是 TB 级别,也可以是 PB 级别。

(2)Variety,数据类型繁多。如网络日志、视频、图片、地理位置信息等。物联网、云计算移动互联网、车联网、手机、个人计算机以及遍布地球各个角落的各种各样的传感器,无一不是数据来源或者承载的方式。

(3)Value,价值密度低。以视频为例,连续不间断监控过程中,可能有用的数据仅仅有一两秒。

(4)Velocity,处理速度快。这一点与传统的数据挖掘技术有本质的不同。

简而言之,大数据的特点是体量大、多样性、价值密度低、速度快。

2. 大数据的价值

大数据的价值有时候可以通过简单的信息检索,或简单的统计分析得到。但很多情况下,很难直接获取数据的价值,需要通过更复杂的方法去获取数据中隐含的模式和规则,以利用这些模式或规则去指导和预测未来。换句话说,就是要向数据学习社会生活中的规则。就像电影《超能查派》中的那个机器人一样,通过向数据学习,几天之内就学会了超人的技能,而这些技能就是大数据中蕴藏的。

《超能查派》为我们揭示了大数据的价值,而这种价值不同于物质性的东西,大数据的价值不会随着它的使用而减少,而是可以不断地反复利用。大数据的价值并不仅仅限于特定的用途,它可以为了同一目的而被多次使用,亦可用于其他目的。最终,大数据的价值是其所有可能用途的总和。知名 IT 评论人谢文表示:"大数据将逐渐成为现代社会基础设施的一部分,就像公路、铁路、港口、水电通信网络一样不可或缺。但就其价值特性而言,大数据却和这些物理化的基础设施不同,不会因为使用而折旧和贬值。例如,一组 DNA 可能会死亡或毁灭,但大数据的 DNA 却会永存。"

大数据研发的目的是利用大数据技术去发现大数据的价值并将其应用到相关领域,通过解决大数据的处理问题促进社会的发展。从大数据中发现价值的一系列技术可以称为数据挖掘。

3. 大数据与数据挖掘的关系

时下,大数据这个概念很火,数据挖掘这个技术也很热,大数据与数据挖掘到底有怎样的关系? 一般的认识是这样的,大数据只是一个概念,围绕这个概念,有两大技术分支(图2.2):一个分支是关于大数据存储的,涉及关系数据库、云存储和分布式存储;另一个分支是关于大数据应用的,涉及数据管理、统计分析、数据挖掘、并行计算、分布式计算。

这两个分支有紧密的联系,人们关注的往往是大数据的应用,因为这个部分能够直接

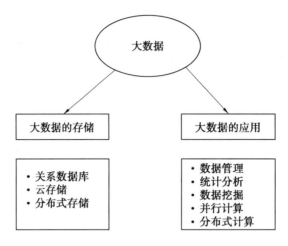

图 2.2　大数据的两大技术分支

产生大数据的效益,体现大数据的价值。但是大数据的存储却是基础,没有存储的大数据,其应用只能是空中楼阁。现在大数据的存储主要涉及硬件、数据库、数据仓库等技术。而对于大数据的应用,涉及的不仅是各层面的技术,还有商业目的、业务逻辑等内容,相对来说比较复杂。所以目前的研究大多关注的是大数据的应用这个分支,而在这个分支里,数据挖掘尤为重要。因为数据管理相对基础、常规,统计分析也比较常规,能够解决一些浅层次的数据分析问题;并行计算和分布式计算主要解决数据处理的量和速度问题,是锦上添花的技术;数据挖掘则针对一些复杂的大数据应用问题。同时,数据挖掘基本也包含了数据管理、统计分析,也可利用到并行计算和分布式计算。可以说,数据挖掘是数据分析的高级阶段,在国外,现在流行的说法是数据分析学(Data Analysis),包含了数据的统计分析和数据挖掘的内容。

　　以上是关于大数据与数据挖掘之间关系的解释,总之,可以理解为数据挖掘是实现大数据应用的重要技术。决策支持系统是数据挖掘技术的拓展和应用。

4. 环境大数据研究的意义

　　随着自动监测技术、计算机技术、信息技术等的不断发展,以及互联网、物联网和人工智能的普及,可以获取到的数据量越来越大、种类越来越多,那么我们对于这些获取到的数据进行分析,意义何在? 世界万物的发展变化都有自身的规律,并且和周围对它有影响的事物是相关的,而它们的变化过程以及它们之间的相互关系会通过数据表现出来。当我们收集到这些数据后,运用恰当的方法探索这些数据的特征,就能发现世界万物的自身变化特点以及它们之间的关联性,从而获取有价值、有意义的信息,来指导人类的实践,使得人类更好地生存和发展,这就是研究大数据的原因。

　　在环境领域也是同样的,环境大数据研究的意义如图 2.3 所示。随着技术的发展,现在可以用更多更先进的技术来获取环境大数据。除了通常监测设备可以获取的结构化数据外,还可以利用 RS 获取非结构化数据,例如遥感影像,通过对遥感影像的识别和解析,得到大范围的环境时空数据。可以利用 GPS 技术得到定位和导航数据。利用 GIS 技术和数据挖掘技术对环境大数据进行分析和挖掘,就可以获取数据价值,掌握环境要素的发展变化规律,以及环境要素之间的关系。在上述研究成果的基础上,建立环境决策支持系统,运用各种关键技术,利用获取到的数据价值制定环境管理方案,可以更好地指导实践,实现环境治理和保护的目的。

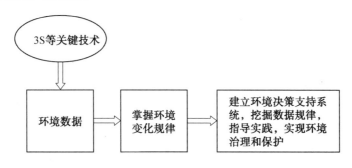

图 2.3   环境大数据研究的意义

2.2   环境决策支持系统数据源

2.2.1   系统数据源

数据可以大致分为原始数据(一手数据)和处理加工后的数据(二手数据),又可将数据源分为非电子数据和电子数据。大多数 GIS 中的数据是二手数据,当然它们都是电子数据。

表 2.2 列出了一手数据和二手数据的来源,从表中可以看出,GIS 最终提供给用户的一般是经过地理编码后的二手的电子数据库或由此制作出来的图件。

表 2.2   一手数据和二手数据的来源

项　目	一手数据	二手数据
非电子数据	野外测量、笔记、航空照片、人口普查 、工程测量	纸质统计图表
电子数据	全站仪、激光测距仪、GPS 数据、RS 数据	数据库

全球定位仪和激光测距仪、全站仪等可直接与数据记录仪连接,将所测得的大量位置、距离和方位数据储存在数据记录仪内,也可直接存储在便携式计算机的硬盘上。这类仪器配以像 AutoCAD 这类图形软件和数据库软件,可以使野外测量基本达到数据电子化。例如 Trimble 公司生产的 GPS 接收机 PRO-XL 或 Explorer 与该公司生产的 Pfinder 软件配合使用,用一台 GPS 接收机和一台便携式计算机便可达到定位、属性数据储存、数据

图形显示等目的。PRO-XL 还配置了一台小型数据记录仪兼具 GPS 操作功能,该数据记录仪可以同时记录由激光测距仪、全站仪等外接装置传来的数据,大大简化了一手数据的获取。

一手数据经解译、编辑和处理后,就变成了二手数据,这类数据包括地图、表格、书和杂志中的地理编码数据。越来越多的二手数据被数字化后输入各种 GIS 中。因此在共享 GIS 数据时,建立空间数据的标准至关重要,数据标准不仅与数据交换格式有关,也与数据模型和结构有关。

对于模型简单、概念明确的空间数据,其数据标准较容易确定,例如基于定点观测的数据有土地调查数据、地球化学、地球物理、水文、气象、海洋浮标观测等,许多数据指标都已建立了固定的测量步骤和数据格式。又如卫星遥感影像数据建立了统一的数据标准,一些航空遥感数据采用了工业图像存储的标准,如 TIFF、JPEG 等格式。

当数据类型的抽象层次提高时,制定数据标准的难度就会相应地提高,例如土地覆盖、植被类型、地貌类型等空间数据的抽象程度不如土地利用、生态类型和地质类型等数据的抽象程度高。又如生态类型的确立是建立在气候、植被、地貌、土壤等因子的基础上的,地质是以岩性、构造、地球物理和化学因素等为基础的,要建立生态类型或地质类型等数据标准必须先建立起它们的基础数据标准。

空间数据从原始数据经过处理加工变为二手数据,某些二手数据可能又经过许多变换,如概括组合、合成、抽象等步骤派生成更多类型的数据,要将这些过程标准化,困难更大。要充分、有效地利用任何数据都应对其产生和加工处理的过程有足够的了解。那些描述数据的产生和每一步加工过程的资料称为元数据,对元数据进行标准化更加困难。

2.2.2 数据源数据的利用

环境决策支持系统对数据源数据是这样利用的:首先从现实世界各种数据源中广泛收集一手资料,包括野外测量、工程测量、地理信息、遥感影像、地图、网页、传感器数据、普查数据等,只要与环境要素有关的数据都可以作为环境决策支持系统的数据源,这些收集来的数据可以称为"环境大数据";然后当遇到不同的环境治理项目时,可以从"环境大数据"中提取所需的一手环境数据,并以此为基础建立相应的环境决策支持系统。这里需要注意,要将一手数据分析和处理变成计算机能识别的电子数据后,才可以被系统所利用,系统中的数据集包括空间数据和属性数据。例如要实现对河流污染源排放量控制,提高河流水质,就需要建立河流污染源综合管理系统,系统中的数据集包括污染源数据、水质数据、相应的河流水文数据等内容,数据源数据的利用如图 2.4 所示。

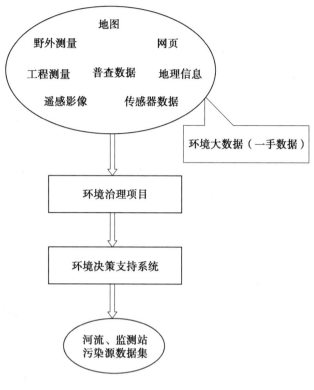

图 2.4　数据源数据的利用

2.3　环境决策支持系统数据获取方法

现实世界的数据源有很多,数据获取是指从各种数据源中获取环境数据,并输入环境决策支持系统中。数据获取的方法也有很多,本节将介绍常规的环境数据获取方法,此外,随着大数据技术、遥感技术等应用越来越广泛,现介绍几种新型的环境数据获取方法。

2.3.1　常规环境数据获取方法

1. 录入

录入是指在人的参与下,将获取到的各种一手环境数据导入系统中,变成计算机能识别的电子数据,包括利用键盘、扫描仪、地图数字化仪等设备将数据录入。这种录入方式简单、易操作,虽然较为落后,但因为有人的参与,可以在很大程度上提高输入数据的质量。目前录入仍是环境数据库中数据来源的主要渠道,例如生态环境部门的各种报表数据的录入。

环保数据很多都是保密数据,为了防止这些数据的泄露,可以采用二维条码技术进行传输和录入。例如排污企业上报的排污资格审批数据,我国规定排污企业若要向环境中排入污染物,需要进行申报,将排放污染物的种类、数量、时间等具体信息进行上报,生态环境部门对上报情况进行审核,只有审核通过后,排污企业才能进行排污操作。对企业排污资格审查工作中需要的数据采用二维条码技术输入生态环境部门排污管理系统中,就可以实现对数据的保密和排污资格审批工作的正常开展。企业排污资格上报审查过程如图2.5所示,具体流程如下:

(1)排污企业填写申报数据。

(2)将申报数据生成含报表全部信息的二维条码。

(3)打印含有条码的报表,形成纸质上报材料,向生态环境部门上交纸质二维条码报表。

(4)生态环境部门利用专用设备对二维条码进行读取,可获取报表信息。

(5)将报表信息自动录入排污管理系统中。

(6)环保人员根据上报情况进行核查,最终确定是否同意排污企业上报要求,给予排污资格。

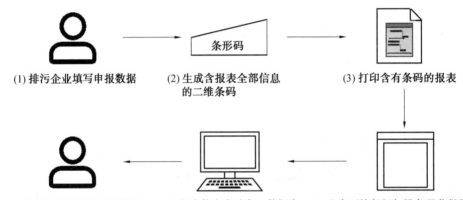

图 2.5　企业排污资格上报审查过程

2. 有线通信技术

需要借助有形媒介进行信息传输的技术称为有线通信技术,其中传输过程中用到的媒介主要包括电线和光缆,传输来的信号经接收端接收,由特定设备进行破译后便可得到相应的信息,光或电信号可以代表声音、文字、图像等。

通常来说,有线通信的建设成本往往较高,大部分的资金都用于通信设备的购置,而且有线通信受限于传输介质,一旦传输介质出现故障或遭到破坏,很大程度上将影响信息的传输。当然也恰恰是因为这样有形的传输介质,信号的传输过程才不受外环境的影响,能保证信号传输的稳定性和可靠性,而且不会造成明显的辐射污染。除此之外,有线通信技术具有更高的服务品质,可以通过采用更为复杂、先进的传输介质,进一步提升信息传输的稳定性。而一般情况下,有线通信不易出现故障,即使出现故障,也能对所传输的信息进行有效的保护,不会出现信息丢失的状况。可见有线通信技术在日常生活中占有重要的地位,尤其适合应用于对通信质量要求较高或保密性较强的状况。

利用有线通信最常见的方式就是环境监测数据的获取。在环境监测站安装若干监测设备,即传感器,传感器可以获取到监测数据,如河流水质数据、空气质量数据等,这些监测数据通过有线通信方式可以传输到远处的中心控制站系统,方便对这些数据进行分析和管理,这种方式是环境基础数据的重要来源之一。

3. 无线通信技术

无线通信定义方式是相较于有线通信的,无线通信所利用的传输介质是无形的,我们把利用电磁波等无形介质进行信息传输的技术称为无线通信技术,因为电磁波所覆盖的范围十分广阔,所以从某种意义上来说,无线通信不受地域的限制。近年来,随着我国无线通信技术的不断发展和提高,其已经被大规模地应用于不同的领域中,可以说我国已经进入了一个通信的数字化时代,例如目前人人必备的手机所采用的信息传输方式就是无线通信。除手机之外,目前应用极为广泛的 Wifi 也是通过无线通信的方式进行信息传输的。虽说无线通信技术有很多的优点,但也不可避免地存在一些弊端,因为无线通信是采用电磁波进行信息传输的,如此暴露在外环境下,容易造成信息的泄露。而且此种传输方式也会产生较大的辐射污染,可能会对人们的身体造成一定的损伤。而在无线通信技术广泛应用的背景下,无线信号的数量不断增加,这就造成了不同信号间相互干扰的状况,影响信息传输的准确性和可靠性,这也是制约无线通信技术发展的重要因素之一。

无线通信技术在环境领域也应用较多,除了用有线通信方式外,也可以利用无线通信技术实现监测数据的获取。

据国家生态环境部统计,近几年在大气的主要污染物中煤烟污染(主要是二氧化硫等)得到了较好的控制,但是一氧化氮等污染物的比例呈逐年上升趋势,而一氧化氮的主要排放源之一是机动车。按照目前经济发展状况,机动车的数量按照每年 10% 的速度递增,机动车尾气已经或将很快成为很多城市大气的主要污染源。针对这种情况,实现汽车尾气排放的在线监测对控制大气污染源,提高空气质量有重要的意义。汽车尾气排放的在线监测数据传输可以通过 GPRS(通用无线分组业务)无线通信技术来实现,如图 2.6 所示。

汽车尾气遥感监测是一种实验室光谱分析技术,又称为长光程吸收光谱法,它能够对道路上正常行驶的汽车所排放的污染物的浓度进行监控。其主要的工作原理是,通过光源向道路对面的光学反光镜发送紫外光和红外光,光学反光镜会将其反射到检测器中。汽车在道路上行驶时要通过这些光束,由于汽车尾气会吸收光线,改变透射光的强度,通过对检测器中光强的变化进行监测,从而对汽车排放的氮氧化物、碳氢化合物和一氧化碳的浓度进行监测。该项监测技术需要注意的问题是应选择合适的监测地点;车辆最好自然行驶状态,不要加速或者减速;交通状况要适宜,车辆不要太密集,一般监测设备安置在单行道两侧。

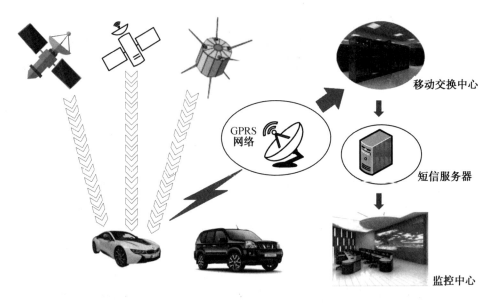

图 2.6　无线通信技术 GPRS 实现汽车尾气排放的在线监测

2.3.2　遥感数据获取方法

随着对环境问题研究的不断深入,常规的环境数据获取方法已经不能满足需要,为了获得更多环境数据,各种新技术、新方法应用到环境数据获取中。遥感技术是一种获取大范围时空数据的有效方法,通过卫星接收地表物体发射的电磁波的情况来探测和识别物体信息,它已经成为一种新型的环境数据获取方式。

在大气方面,利用遥感技术可监测大气污染分布与污染源,通过对遥感影像的数据分析可以了解污染源的排放情况和大气污染情况,并将获取到的遥感数据进行可视化展示,形成各种 GIS 地图,用不同的颜色表示空气污染的状况,方便对大范围空气质量的时空变化有更加全面的了解。

在水环境方面,遥感技术可以快速、准确地从卫星遥感影像中提取水环境信息,成为水资源调查、水资源宏观监测、水环境污染治理及湿地保护等研究中所需的环境数据获取的重要手段。遥感技术可以提取到的水环境信息主要包括:

(1)水量参数:水体面积、水深。

(2)水质参数:叶绿素浓度、悬浮物浓度、海水盐度、海水温度、离水反射率、有色可溶性有机质。

(3)污染源信息:判定水污染类型、确定污染源位置及排放情况。

在固体废弃物方面,可以用遥感技术对我国工业废渣和生活垃圾堆放地与污染状况进行监测。

在生态管理方面,湿地监测、森林调查、草原监测等都采用了遥感技术。

下面介绍三个获取遥感影像常用网站:

（1）地理空间数据云：该平台启建于 2010 年，由中国科学院计算机网络信息中心科学数据中心建设并运行维护。以中国科学院及国家的科学研究为主要需求，逐渐引进当今国际上不同领域内的国际数据资源，并对其进行加工、整理、集成，最终实现数据的集中式公开服务、在线计算等，是一个比较全面的可获取多种卫星产品遥感数据的平台。

获取方法：在高级检索中，可框选位置范围，选择日期、遥感数据来源、云量等进行检索下载图像，需要注册账户说明获取图像用途。

特点：中国网址，遥感数据比较全面。

（2）USGS Earth Explorer（美国地质勘探局）：在免费卫星图像数据提供这方面，USGS Earth Explorer 具有无可争议的地位。无论在地球的哪个位置，都可以欣赏到来自美国地质勘探局的 Earth Explorer 的丰富数据。

获取方法：在 Earth Explorer 首页，可框选范围，选择日期、遥感数据来源、云量等参数进行检索下载图像。

特点：数据源广泛，拥有全面的遥感数据，美国网址。

（3）GEE（Google Earth Engine）：一个比较全面的遥感数据网址，可获取不同的卫星产品，可通过 JavaScript 代码对遥感数据进行处理后下载，省去后续处理图像的烦琐步骤。

获取方法：在首页 Platform—Code Editor 中（需要登录教育邮箱认证的谷歌账户）。

特点：使用 JavaScript 代码对图像下载处理，需要较高的编程基础，美国网址。

2.3.3　其他网络资源获取方法

虽然通过上述方式可以得到环境数据，但很多时候由于受国家政策限制、监测设备异常等因素的影响，导致获取的数据量受限。大数据时代，很多数据在网络上都是公开的，如果能有效地利用网络资源，找到我们所需要的环境数据，那将是一件很有意义的事情，也是未来环境数据获取的一种新方式。下面介绍几种利用网络资源获取环境数据的方法。

1. 科研数据共享网站

首先介绍一些专门用于分享或者汇总科研论文中会使用到的一些数据的网站。下面是几个国外知名高校建立的科研数据共享网站（图 2.7）。

UCI 是美国加州大学欧文分校建立的一个共享机器学习数据集的网站，里面可以找到环境数据（如北京 PM2.5 数据）；RAWDAD 是美国达特茅斯大学管理的一个科研数据网站；SNAP 是美国斯坦福大学提供的科研数据网站。

2. 数据算法竞赛网站

下面介绍一些数据算法竞赛网站（图 2.8），这些网站的本质是举办一些算法竞赛并提供一定的奖金，除此之外，竞赛还会在网站上提供一些真实的数据，这些数据都是公开的，可以查询并获得。

Kaggle 是数据竞赛的鼻祖，每年都会举办大型的数据竞赛，图 2.8 右下角网页中的第

图 2.7　国外知名高校建立的科研数据共享网站

图 2.8　数据算法竞赛网站

一项是房价预测的比赛,奖金达到了 100 万美元以上,里面包含了大量高质量数据。数据挖掘方面的顶级会议 KDD 每年都会进行一个 KDD cup 数据竞赛。我国也有类似的网站,例如 DataCastle(数据科学学习社区),它是我国近些年新兴的关于大数据机器学习的网站,在网站上也会找到一些所需要的数据。

3. 政府公开数据网站

每个国家都有政府公开数据网站,美国很多城市都有大量数据集在网上公开,例如纽约的 NYC OpenData 网站。美国 311 市民服务系统记录了 2010 年至今所有给政府打电话投诉的内容,如关于噪声污染的投诉,这些内容会很快地传到网上,形成大数据,任何人都可以访问并下载这类数据。纽约的 NYC OpenData 网站将这类数据在网站公布(图 2.9),并对这些数据进行分析,可以得出在什么时间段噪声污染最大、哪种原因引起的噪声污染最多。例如音乐,在哪些区域噪声污染最多,可以指导市民买房或者租房。

我国在政府公开数据方面也是越做越好,很多大城市已经开始建立政府数据公开网。图 2.10 是上海市政府数据服务网站,开放数据项总量达到了 30 000 多条。类似这样的网站很多,通过查询和下载,很多时候可以找到所需的环境数据。

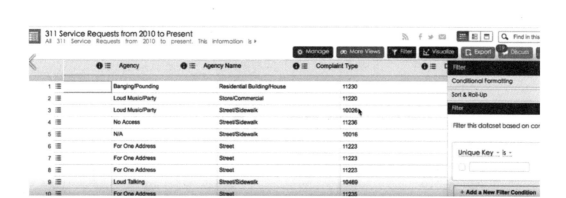

图 2.9　NYC OpenData 网站

图 2.10　上海市政府数据服务网站

4. 企业开放数据网站

除了政府公开数据以外,有些企业也开放了一些数据集供人们下载,例如青悦开放环境数据中心网站(图 2.11)。这个网站首先将各种政府公开数据收集到一起,然后对各种来源的数据集进行整理和集成,最后以开放数据的格式在网站公布。这样就把很多零散的数据集中公布,方便对整体环境问题的研究。青悦开放环境数据中心网站就同时公布了空气、天气、水质、污染源数据,而通常这些数据需要在几个不同的网站才能获得,数据的集成公布为用户提供了极大的方便。

青悦开放环境数据中心　空气 ▾　天气 ▾　水质 ▾　污染源 ▾　环保部数据中心 ▾

　　　　　　　　　　　　　　　　登录　注册　支持项目　常见问题　法律声明　API　青青地图　关于

数据来源及使用规则声明

1. 政府发布的公开数据——>青悦获取并进行数据的整理——>以开放数据格式开放。
2. 所有获取的原始数据青悦均未进行修改,真实性由原发布单位负责,由于实时发布的空气质量等等数据,有可能后面官方会进行修订,或者由于网络原因未发布的数据后面有可能补充,青悦均来再疏累积数据与发布单位复核,请相关使用者留意请关注法律声明中的相关声明,因使用这些数据导致的后果,青悦概不负责。青悦计算的数据,都会声明算法,供各位参考,但由于上述原因,可能某些个别点的数据扫后续官方发布数据存在小的差异,从青悦取得的数据不在工作产品中声明直接来自环地监测站等。我们敦励大家自行向环保部等政府部门直接申请授权数据。
3. 部分收费项目均为数据整理和开放相关的人力和服务器等服务费,非版权费用。政府发布的公开数据的版权归属,目前尚未有明确的法律规定。如果相关部门对此开放的数据持有异议,请联系我们。也欢迎贵司提供通畅的数据申请渠道,我们可以在此代为发布,或者授权我方代为发布权威的历史性累积数据。

用户导航

	需资助单位或个人	有实力商业机构及科研机构
缴费	为有志于利用环境数据进行污染防治、创新性研究,而又缺乏环境数据、资金的行动者,进行环境数据资助。	对于需要长期持续使用青悦环境数据而又有一定支付能力的机构付费使用。

图 2.11　青悦开放环境数据中心网站

5. 个人分享网站

个人分享网站包括学术论文网站、各种论坛和博客(图 2.12)。在个人分享网站中我们经常会有一些意想不到的收获。学术论文中的数据可以参考或者引用(如污染物的降解系数),除此之外,一些研究生或者科研工作人员经常会把个人的研究成果在网站公开发布。在论坛或者博客里可以找到他们分析问题的方法和数据,有的人为了把某个问题讲述明白,会发表大量的文字说明和数据支撑,这些内容都可以引用或者借鉴,形成我们自己的数据和方法。

论文　　　　论坛　　　　博客

搜索技能

图 2.12　个人分享网站

网络资源是一笔巨大的财富,应该好好利用它。当然从网络上有效地获取环境数据难度也是很大的,需要付出大量的时间进行调研和搜索,但最终往往都是有所收获的。

2.3.4　网络爬虫获取环境数据

网络爬虫技术是一种新兴的获取环境数据的方法,可以从网络上获取到大量的环境数据和信息。

1. 网络爬虫简介

网络爬虫(Web Crawler)又称为网络蜘蛛(Spider),是一种按照一定的规则,自动地抓取万维网信息的程序或者脚本。网络爬虫根据网页地址(URL)爬取网页内容,通过网页中的超链接信息不断获得网络上的其他页面。网络数据采集的过程就像一个爬虫或者蜘蛛在网络上漫游,所以被形象地称为网络爬虫或者网络蜘蛛。在爬取网站的时候,需要限制爬虫遵守 Robots 协议("网络爬虫排除标准"),同时控制网络爬虫程序抓取数据的速度;在使用数据的时候,必须要尊重网站的知识产权。部分网站在识别出爬虫程序 request 时,可能会给出相关提示,如国家水质自动综合监管平台网站的数据采集提示(图 2.13),保护网站的知识产权,也是对爬虫程序员的提醒和保护。

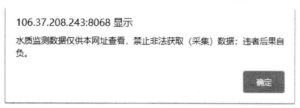

图 2.13　国家水质自动综合监管平台网站的数据采集提示

2. 网络爬虫基础技能

由于 Python 语言的各种爬虫框架相对成熟,且 Python 多线程多进程模型成熟稳定,故 Python 是目前最为广泛采用的网络爬虫编写语言。

(1)HTTP 协议简介。

HTTP 协议是 Hyper Text Transfer Protocol(超文本传输协议)的缩写,是用于从万维网(World Wide Web,WWW)服务器传输超文本到本地浏览器的传送协议,基于 TCP/IP 通信协议来传递数据。HTTP 是一个属于应用层的面向对象的协议,由于其简捷、快速的方式,适用于分布式超媒体信息系统,自 1990 年提出后,经过几年的使用与发展,得到不断的完善和扩展。

HTTP 使用统一资源标识符(Uniform Resource Identifiers,URI)来传输数据和建立连接。URL(Uniform Resource Locator)是一种特殊类型的 URI,用来标识某一处资源的地址。一个完整的 URL 包括协议部分、域名部分、端口部分、虚拟目录部分、文件名部分、锚部分及参数部分。

(2)审查元素。

HTML 页面通常由三部分构成,分别是用来承载内容的 Tag(标签)、负责渲染页面的 CSS(层叠样式表)以及控制交互式行为的 JavaScript。要找到所需的内容或者链接,需要在浏览器中对拟进行网络爬虫的页面进行元素审查,获取网页的代码并了解页面的结构。按计算机 F12 或者鼠标右键后选择"检查"弹出元素审查页面。

(3)正则表达式。

正则表达式(Regular Expression)描述了一种字符串匹配的模式(Pattern),可以用来检查一个串是否含有某种子串,将匹配的子串替换或者从某个串中取出符合某个条件的子串等。

　　构造正则表达式的方法和创建数学表达式的方法一样,也就是用多种元字符与运算符将小的表达式结合在一起来创建更大的表达式。正则表达式的组件可以是单个的字符、字符集合、字符范围、字符间的选择或者所有这些组件的任意组合。

　　正则表达式是由普通字符(如字符 a 到 z)和特殊字符(称为"元字符")组成的文字模式。模式描述在搜索文本时要匹配的一个或多个字符串。正则表达式作为一个模板,将某个字符模式与所搜索的字符串进行匹配。

　　在网络爬虫编写过程中,需要根据链接形式来编写合适的正则表达式以实现对拟获取链接的准确匹配,从而进行下一步抓取。正则表达式的编写教程较为烦琐,且已有很多成熟教程,此处不再详述。

3. 网络爬虫示例

　　网络爬虫通常应用于操作简单固定但为重复工作导致人类执行需要大量时间的场合,用于节省重复单一操作所用时间,提高效率。下面以爬取中国环境监测总站(http://www.cnemc.cn/jcbg/qgdbsszyb/)全国地表水水质月报为示例,简述网络爬虫的编写及使用方法。

　　首先,进行元素审查,按 F12 查看页面元素,找到存放 pdf 下载地址的位置,如图 2.14所示。

图 2.14　审查页面元素,找到 pdf 文件位置

　　用 requests 库(Python HTTP 三方库)发起请求,查看 HTML 信息和标签,代码略,返回如图 2.15 所示信息。

```
</div>
<div class="sec_navtitle">
<img src="./images/P020181104522452782531.png" alt="图片" />
</div>
<div class="sec_navcrumbs">
<span>当前位置：</span><a href="../../" title="中国环境监测总站" class="CurrChnlCls">中国环境监测总站</a> > <a href="../" title="监测报告" class="CurrChnlCls">监测报告</a> > <a href="./" title="全国地表水水质月报" class="CurrChnlCls">全国地表水水质月报</a>
</div>
<div class="textcon_list">
<ul id="contentPageData">

<li><span class="list_point pt_color">•</span><a href="./202009/t20200921_799327.shtml" target="_blank">2020年全国地表水水质月报（8月）</a><span class="txt_time">2020-09-21</span></li>

<li><span class="list_point pt_color">•</span><a href="./202008/P020200820402557944401.pdf" target="_blank">2020年全国地表水水质月报（7月）</a><span class="txt_time">2020-08-20</span></li>

<li><span class="list_point pt_color">•</span><a href="./202007/P020200720412775644488.pdf" target="_blank">2020年全国地表水水质月报（6月）</a><span class="txt_time">2020-07-20</span></li>
```

图 2.15　request 返回信息

接下来，通过用 BeautifulSoup(Python 的一个库)解析数据，把拟获取的 pdf 链接提取出来。编写正则表达式，匹配 pdf 所在链接的文本。正则表达式略。由于目录一共 6 页，需要获取全部 6 个页面中的 pdf 链接网址。

网页中的二级链接如图 2.16 所示，通过图 2.16 可以看到，由于网站从 2019 年 3 月之前存放 pdf 的链接均为二级链接，无法直接获取 pdf 下载链接，故使用列表存放二级链接地址，再进一步对列表中的地址进行爬取。

图 2.16　网页中的二级链接

编写正则表达式，表达式略，匹配获取包含 pdf 下载链接的网页二级链接。进一步，遍历列表获取列表网址中的 pdf 链接部分。代码略。

提取链接并进行清洗，代码略。

此时，获取到的下载链接需要组合，得到完整下载链接，代码略。

对于获取到的完整链接，测试无问题后利用 urlretrieve 函数进行下载，函数传入的第一个参数是下载链接，第二个参数是下载后的文件保存地址和文件名。

运行后，等待下载完成，在选定的下载位置可以找到爬取的 pdf 文件，本例中为 e 盘根目录下，最终爬取的文件列表如图 2.17 所示，水质月报文件首页如图 2.18 所示。网络

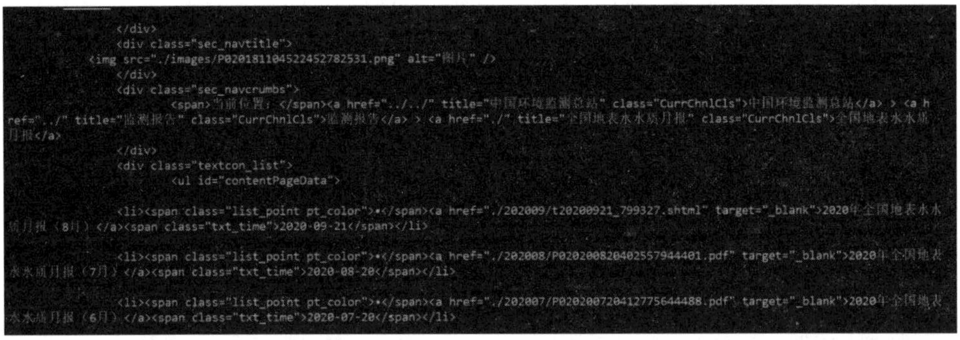

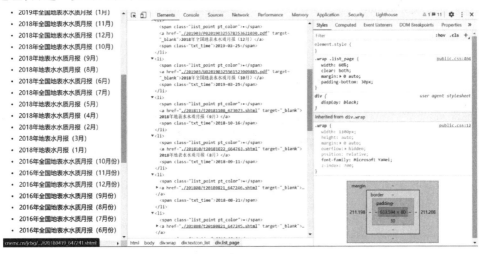

爬虫获取数据简单直接,且避免了大量重复操作,有较好的实际应用价值,它是未来获取环境数据的一种高效方法。

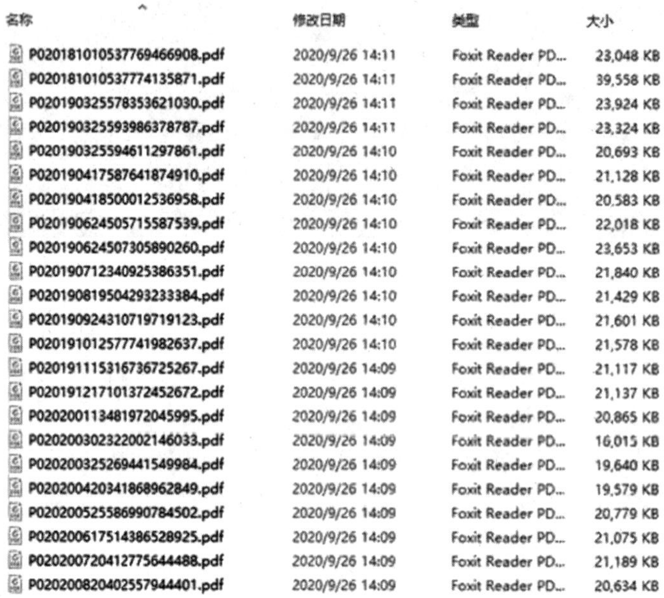

名称	修改日期	类型	大小
P020181010537769466908.pdf	2020/9/26 14:11	Foxit Reader PD...	23,048 KB
P020181010537774135871.pdf	2020/9/26 14:11	Foxit Reader PD...	39,558 KB
P020190325578353621030.pdf	2020/9/26 14:11	Foxit Reader PD...	23,924 KB
P020190325593986378787.pdf	2020/9/26 14:11	Foxit Reader PD...	23,324 KB
P020190325594611297861.pdf	2020/9/26 14:10	Foxit Reader PD...	20,693 KB
P020190417587641874910.pdf	2020/9/26 14:10	Foxit Reader PD...	21,128 KB
P020190418500012536958.pdf	2020/9/26 14:10	Foxit Reader PD...	20,583 KB
P020190624505715587539.pdf	2020/9/26 14:10	Foxit Reader PD...	22,018 KB
P020190624507305890260.pdf	2020/9/26 14:10	Foxit Reader PD...	23,653 KB
P020190712340925386351.pdf	2020/9/26 14:10	Foxit Reader PD...	21,840 KB
P020190819504293233384.pdf	2020/9/26 14:10	Foxit Reader PD...	21,429 KB
P020190924310719719123.pdf	2020/9/26 14:10	Foxit Reader PD...	21,601 KB
P020191012577741982637.pdf	2020/9/26 14:10	Foxit Reader PD...	21,578 KB
P020191115316736725267.pdf	2020/9/26 14:09	Foxit Reader PD...	21,117 KB
P020191217101372452672.pdf	2020/9/26 14:09	Foxit Reader PD...	21,137 KB
P020200113481972045995.pdf	2020/9/26 14:09	Foxit Reader PD...	20,865 KB
P020200302322002146033.pdf	2020/9/26 14:09	Foxit Reader PD...	16,015 KB
P020200325269441549984.pdf	2020/9/26 14:09	Foxit Reader PD...	19,640 KB
P020200420341868962849.pdf	2020/9/26 14:09	Foxit Reader PD...	19,579 KB
P020200525586990784502.pdf	2020/9/26 14:09	Foxit Reader PD...	20,779 KB
P020200617514386528925.pdf	2020/9/26 14:09	Foxit Reader PD...	21,075 KB
P020200720412775644488.pdf	2020/9/26 14:09	Foxit Reader PD...	21,189 KB
P020200820402557944401.pdf	2020/9/26 14:09	Foxit Reader PD...	20,634 KB

图 2.17　获取的文件列表

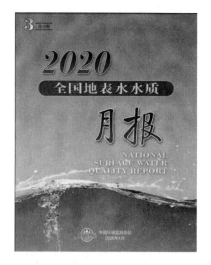

图 2.18　水质月报文件首页

第3章　环境决策支持系统中的3S技术

3.1　地理信息系统技术

在环境决策支持系统中,环境数据都属于地理数据,对环境数据的研究是环境决策支持系统的基础,获取的环境数据价值又是辅助决策的重要信息,因此注重环境数据分析、挖掘环境数据价值在环境决策支持技术中占有重要的地位。而地理信息系统(GIS)技术是实现环境数据分析的最佳工具,环境决策支持系统中一般都会使用GIS,下面介绍GIS技术及其在环境领域中的应用。

3.1.1　GIS技术概述

1.地理信息

地理信息(Geographic Information)是指与所研究对象的空间地理分布有关的信息,它表示地表物体和环境固有的数据、质量、分布特征,是具有联系和规律的数字、文字、图形、图像等的总称。

地理信息属于空间信息,与一般信息的区别在于它具有区域性、多维性和动态性。区域性是指地理信息的定位特征,且这种定位特征是通过公共的地理基础来体现的。例如,用经纬网坐标或公里网坐标来识别空间位置,并指定特定的区域。多维性是指在一个坐标位置上具有多个专题和属性信息。例如,在一个地面点上可取得高程、污染、交通等多种信息。动态性是指地理信息的动态变化特征,即时序特性。这一特性使地理信息常以时间尺度划分成不同时间段的信息,这就要求及时采集和更新地理信息,并根据多时相数据和信息来寻找时间分布规律,进而对未来做出预测和预报。

客观世界是一个庞大的信息源,随着现代科学技术的发展,特别是借助近代数学、空间科学和计算机科学,人们已能够迅速地采集到地理空间的几何信息、物理信息和人文信息,并适时适地地识别、转换、存储、传输、显示并应用这些信息,进一步为人类服务。

2.地理信息系统

地理信息系统(GIS)是一种特定而又十分重要的空间信息系统,它是用于采集、存储、管理、分析和描述整个或部分地球表面(包括大气层在内)与空间和地理分布有关的数据的空间信息系统。由于地球是人们赖以生存的基础,所以GIS是与人类的生存、发展和进步密切关联的一门信息科学与技术,受到人们越来越广泛的重视。

随着地理信息系统的广泛应用,其在环境科学领域也相继产生了多种系统,如自然资源管理信息系统、资源与环境信息系统、土地资源信息系统、空间数据处理系统、空间信息系统。虽然这些系统的研究对象不同,但研究方法却是基本相似的。

　　地理信息系统是一门多技术交叉的空间信息科学,它依赖于地理学、测绘学、统计学等基础性学科,又与计算机硬件与软件技术、航天技术、遥感技术和人工智能与专家系统技术的进步与成就息息相关,地理信息系统与相关学科如图3.1所示。此外,地理信息系统还是一门以应用为目的的信息产业,它的应用可深入到各行各业。

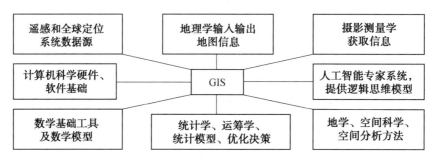

图 3.1　地理信息系统与相关学科

3. 环境地理信息系统

　　在环境领域应用的 GIS 是以环境空间数据库为基础,在计算机软硬件的支持下,对空间相关数据进行采集、管理、操作、分析、模拟和显示,并采用环境模型分析方法,适时提供多种空间和动态的环境信息,为环境研究和环境决策服务而建立起来的计算机技术系统。环境地理信息系统就是地理信息系统技术在环境领域中应用的产物。

4. GIS 的构成

　　地理信息系统主要由四部分组成:计算机硬件系统,计算机软件系统,空间数据以及系统使用、管理和维护人员(即用户),如图3.2所示。地理信息系统的核心内容是计算机硬件和软件,空间数据反映了应用地理信息系统的信息内容,用户决定了系统的工作方式。

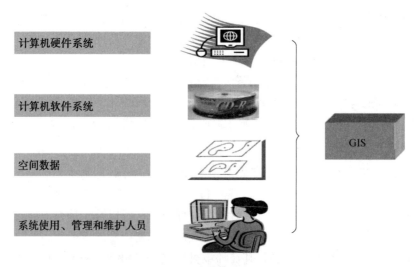

图 3.2　地理信息系统的构成

(1)计算机硬件系统。

计算机硬件系统是计算机系统中实际物理设备的总称,主要包括计算机主机、输入设备、存储设备和输出设备。

(2)计算机软件系统。

计算机软件系统是地理信息系统运行时所必需的各种程序,具体内容如下:

①计算机系统软件。

②地理信息系统软件及其支撑软件。包括地理信息系统工具或地理信息系统实用软件程序,以完成空间数据的输入、存储、转换、输出及用户接口功能等。

③应用程序。这是根据专题分析模型编制的具有特定应用任务的程序,是地理信息系统功能的扩充和延伸。一个优秀的地理信息系统工具,对应用程序的开发应是透明的。应用程序作用于专题数据上,是专题地理信息系统的基本内容。

(3)空间数据。

空间数据(广义的)是地理信息系统的重要组成部分,是系统分析加工的对象,是地理信息系统表达现实世界的、经过抽象的实质性内容。它一般包括三个方面的内容,即空间位置坐标数据、地理实体之间的空间拓扑关系以及相应于空间位置的属性数据。通常,它们以一定的逻辑结构存放在空间数据库中,空间数据来源比较复杂,根据研究对象不同、范围不同、类型不同,可采用不同的空间数据结构和编码方法,其目的就是更好地管理和分析空间数据。

(4)系统使用、管理和维护人员。

地理信息系统是一个复杂的系统,仅有计算机硬件、软件及数据还不能构成一个完整的系统,必须要有系统的使用管理人员,包括具有地理信息系统知识和专业知识的高级应用人才、具有计算机知识和专业知识的软件应用人才以及具有较强实际操作能力的软硬件维护人才。

5. 空间数据的基本特征

GIS 的研究对象是空间数据(广义的),这些数据来源于空间实体。空间实体是指具有形状和位置、属性和时序特征的空间对象或地理实体,它们构成地球圈层间复杂的地理综合体。空间实体是地理信息系统中不可再分的最小单元现象。环境要素就属于空间实体。GIS 中空间实体抽象的类型主要有三种:点、线和面(二维)。

GIS 空间实体具有三大基本特征:空间特征、时间特征和属性特征。时间特征和属性特征常常被视为非空间属性特征。近年来对时间特征的研究越来越受到重视。特征值可通过观测或对观测值进行处理与运算得到。例如在某一选定点位可获得重力测量值这一属性特征,而该点的重力异常值则是计算出来的属性特征。

(1)空间特征。

空间特征指空间物体的位置、形状和大小等几何特征,以及与相邻物体的拓扑关系。位置和拓扑特征是地理或空间信息系统所独有的,空间位置可以由不同的坐标系统来描述,如经纬度坐标、一些标准的地图投影坐标或是任意的直角坐标等。GIS 的作用之一就是进行各种不同坐标系统间的相互转换。

对以计算机处理为主的 GIS 来说,最直接、最简单的空间定位方法是使用坐标,而拓扑关系则需要在空间坐标的基础上通过计算来建立。这类算法已很普遍。而对于如何从人们对空间、拓扑的文字描述中自动产生空间坐标这一过程则很少在 GIS 中实现,或许这将成为未来实用 GIS 的一个功能。

(2)时间特征。

严格来说,空间数据是在某一特定时间或时间段内采集得到或计算产生的。由于有些空间数据随时间变化相对较慢,因而有时被忽略。在很多场合,时间可以看成一个属性。这对于大多数地理信息软件来说是可以做到的,即有效地利用时间在 GIS 中进行索引和时空分析。

(3)属性特征。

属性特征指的是除了时间特征和空间特征以外的空间现象的其他特征,例如地形的坡度、坡向,某地的年降雨量、土壤酸碱度、土地覆盖类型、人口密度、交通流量、空气污染程度等。这类特征在其他类型的信息系统中均可存储和处理,对于这类特征的空间表示方法在传统的地图制图学中有详细的阐述。

根据空间实体的三个不同特征,可以得到相应的空间数据(狭义的,如位置和形状)、时序数据和属性数据。例如某河流水质监测站的地理位置就是空间数据,监测到的河流污染物的数值就是属性数据,而在什么时间的监测数值就属于时序数据。

6. GIS 的数据结构

(1)栅格数据和矢量数据的特点。

地理信息系统的空间数据类型主要有矢量数据和栅格数据。采用一个没有大小的点(坐标)来表达基本点元素时,称为矢量表示法。采用一个有固定大小的点(像元)来表达基本点元素时,称为栅格表示法。例如将一个空间实体抽象成线状实体,如果以矢量表示法和栅格表示法对这个线状实体进行表示,结果如图 3.3 所示。在矢量表示法里,这个实体是由多个基本单位"点"相互连接构成的一条线;在栅格表示法里,这个实体由其经过的栅格像元相互连接所形成的连通区域来表示。

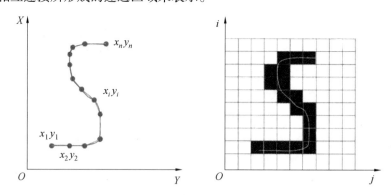

图 3.3 矢量和栅格表示法表示线状空间实体

如果对现实世界中的空间实体进行表示,如图 3.4 所示,栅格表示法会得到这些不同类型的实体经过的像元的标识符号数据(栅格数据);而矢量表示法会得到它们所在位置的点、线、面的连接线数据(矢量数据),这些连接线都是以点为最基本单位,相互连接构

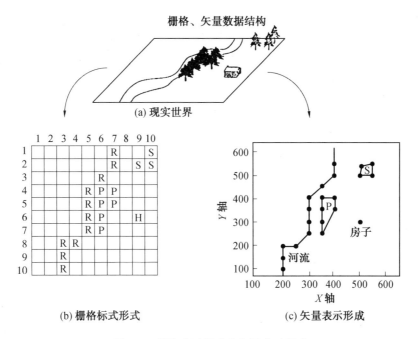

图 3.4　栅格表示形式和矢量表示形式

成的。

　　栅格数据就是将空间分割成有规律的网格,每一个网格称为一个单元,并对各单元赋予相应的属性值来表示实体的一种数据形式。每一个单元(像素)的位置由它的行列号定义,所表示的实体位置隐含在栅格行列位置中,数据组织中的每个数据表示地物或现象的非几何属性或指向其属性的指针。矢量数据是在直角坐标中,用 X、Y 坐标表示地图图形或地理实体的位置和形状的数据,一般通过记录坐标的方式来尽可能地将地理实体的空间位置表现得准确无误,实体的属性特征具有隐含的特点,可通过坐标指针指向的实体二维属性表来获取属性值。

　　矢量数据包含拓扑信息,经常应用于地理空间关系的分析;栅格数据则易于表示面状要素,经常在图像数据处理过程中使用。能够对矢量、栅格和专业数据进行共同管理和处理已成为地理信息系统设计的基本要求。这种共同管理和处理的主要内容是矢量数据与栅格数据之间的相互转换。

　　(2)栅格数据与矢量数据的比较。

　　栅格数据类型具有属性明显、位置隐含的特点,它易于实现,且操作简单,有利于基于栅格的空间信息模型的运行分析;但它的数据表达精度不高,工作效率较低。要提高表达精度,就需要更多的栅格单元数据,这就容易造成栅格数据的冗余,从而降低基于栅格数据的工作效率;而要提高工作效率,又必须减少数据冗余。因此,对于基于栅格数据结构的应用来说,需要根据应用项目及其精度要求来恰当地平衡栅格数据的表达精度和工作效率二者之间的关系。

　　矢量数据类型具有位置明显、属性隐含的特点,它操作起来比较复杂,许多分析操作(如叠置分析等)使用矢量数据结构,难度较大;但它的数据表达精度较高,且工作效率较高。矢量数据结构与栅格数据结构的比较见表3.1。

表3.1　矢量数据结构与栅格数据结构的比较

比较内容	矢量数据结构	栅格数据结构
数据量	小	大
图形精度	高	低
图形运算	复杂、高效	简单、低效
遥感图像格式	不一致	一致或接近
输出表示	抽象、昂贵	直观、便宜
数据共享	不易实现	容易实现
拓扑和网络分析	容易实现	不易实现

（3）栅格数据与矢量数据的转换。

①矢量向栅格转换。

从点、线、面实体转化为规则单元,这个过程称为栅格化。首先要选择好单元的大小和外形,然后检测实体是否落在这些单元上,记录存在或空缺以及其他属性。一般根据行或列方向上的扫描来完成,生成一个二维阵列。栅格化过程通常包括以下基本步骤:

a.将点和线实体的角点的笛卡儿坐标转换到预定分辨率和已知位置值的矩阵中。

b.利用单根扫描线(沿行或沿列)或一组相连接的扫描线去测试线性要素与单元边界的交叉点,并记录有多少个栅格单元穿过交叉点。

c.对多边形而言,测试过角点后,剩下线段处理,这时只要利用二次扫描就可以知道何时到达多边形的边界,并记录其位置与属性值。

②栅格向矢量转换。

从栅格单元转换到几何图形的过程,通常称为矢量化。矢量化过程要保证以下两点:一是拓扑转换,即保持栅格表示出的连通性与邻接性;二是转换物体正确的外形。矢量化过程中,遇到某个单元的值与周围均不同,则该单元代表一个点;如果具有某一属性值的单元是连续的,可以将它们搜索出来,并细化处理,取中间的单元连成的位置作为一条线。对面状图形的处理则有些复杂,先要将所有单元编码,然后将具有同一属性值的单元归为一类,这时检测两类不同属性值的边界作为多边形的一条边,沿左方向或右方向,用八邻域算子顺序搜索出一条完整边界,然后标注内点。通过以上处理,即可完成点、线、面的矢量化。

栅格格式向矢量格式转换通常包括以下基本步骤:

a.多边形边界提取。采用高通滤波将栅格图像二值化或以特殊值标识边界点。

b.边界线追踪。对每个边界弧段由一个节点向另一个节点搜索,通常对每个已知边界点需沿着进入方向的其他7个方向搜索下一个边界点,直到连成边界弧段。

c.去除多余点及曲线圆滑。由于搜索是逐个栅格进行的,必须去除由此造成的多余点记录,以减少数据冗余;搜索结果曲线由于栅格精度的限制可能不够圆滑,需采用一定的插补算法进行光滑处理,常用的算法有线性迭代法、分段三次多项式插值法、样条函数插值法等。

d. 拓扑关系生成。对于矢量表示的边界弧段数据,判断其与原图上各多边形的空间关系,以形成完整的拓扑结构并建立与属性数据的联系。

7. GIS 的主要功能模块

地理信息系统软件一般由五部分组成,即空间数据输入管理、空间数据库管理、空间数据处理和分析、应用模型以及空间数据输出管理,它们之间的关系如图 3.5 所示。

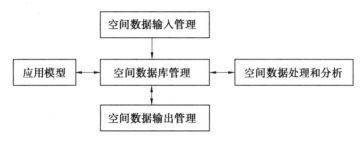

图 3.5　地理信息系统的主要功能模块之间的关系

(1)空间数据输入管理。

空间数据(广义的)输入管理模块是相对独立的功能模块,它的目的是将地理信息系统中各种数据源输入,并转换成计算机所要求的数据格式进行存储。由于数据源种类的不同、输入设备的不同及系统选用的数据结构及数据编码的不同,在数据输入部分配有不同的软件,以确保原始数据按要求存入空间数据库中。通常,空间数据输入的同时伴随对输入数据的处理,以实现对数据的校验和编辑。

(2)空间数据库管理。

与一般数据库相比,地理信息系统数据库不仅要管理属性数据(非空间数据),还要管理大量图形数据,以描述空间位置分布及拓扑关系。另外,属性数据和图形数据之间具有不可分割的联系。

此外,地理信息系统中数据库的数据量大,涉及内容多,这些特点决定了它既要遵循常用关系型数据库管理系统来管理数据,又要采用一些特殊的技术和方法来解决通常数据库无法管理的空间数据问题。由于地理信息系统数据库具有明显的空间性,所以也称其为空间数据库,其组成如图 3.6 所示。

(3)空间数据处理和分析。

空间数据处理和分析模块通常为地理信息系统提供的一些基本和常用的处理和分析功能,其功能的强弱直接影响地理信息系统的应用范围,因此这部分是体现地理信息系统功能强弱的关键部分。

(4)应用模型。

由于地理信息系统应用范围越来越广,常规系统提供的处理和分析功能很难满足所有用户的要求,因此一个优秀的地理信息系统应当为用户提供二次开发手段,以便用户开发新的空间分析模块,即开发各种应用模型,扩充地理信息系统功能。

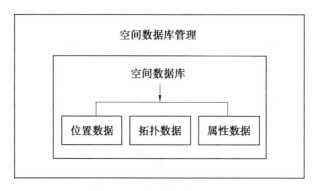

图 3.6　空间数据库的组成

（5）空间数据输出管理。

地理信息系统中输出数据种类很多,可能是输出地图、表格、文字、图像等,输出介质可以是纸、光盘、磁盘、显示终端等。由于输出数据类型的不同和输出介质的不同,需配备不同的软件,最终向用户提供各种分析结果。

具有空间分析能力,即从空间数据中提取信息的能力是 GIS 最重要的功能和特征。

3.1.2　GIS 解决的主要问题

1. 位置查询

GIS 中的位置查询是指某个特定位置有什么,利用地物或区域的空间位置数据或信息,来查询、获取地物或区域自然或人文的有关属性信息。位置查询的实质是用空间数据（信息）查询属性数据（信息）。

例如要查询某个水质自动监测站的属性信息,在电子地图上点选某个监测站实体后,就会出现相应的属性信息,包括监测站的名称、监测的水质参数及数值、监测状况等信息。

2. 条件查询

GIS 中的条件查询是指查询符合某些条件的实体在哪里,即利用地物或区域的属性数据或信息,来查找满足给定条件的地物或区域的地理位置信息。条件查询的实质是用属性数据（信息）查询空间数据（信息）。

例如对一个污染工厂进行寻址需要满足三个条件:一是面积不小于 10 000 平方米的区域;二是未被植被覆盖的区域;三是交通运输方便,位置接近国道。在 GIS 中可以输入这些属性条件来查询同时满足这三个条件的区域,最后对所查询的区域进行综合分析,得到最佳的选址地点。

对于复杂的环境问题,通常可以将空间数据（信息）和属性数据（信息）结合起来使用,查询某些内容。例如查询条件为:松花江流域各监测站中氨氮浓度超出国家标准的监测站有哪些? 监测数值是多少? 这里设定了查询范围（空间数据）,并给出了查询的属性条件（属性数据）,查询得到的监测站位置是空间数据,监测数值是属性数据。

3. 趋势分析

趋势分析中的变化趋势指已发生和正在发生的变化,不是未来的变化。GIS 要求根据已有的数据,包括现有的和历史的数据,识别地理现象已经发生或正在发生的变化,总结出变化趋势,为用户提供关于变化趋势的图表等。趋势分析常常为模拟预测(即未来的变化)提供基础信息。例如随着时间的推移,过去十年河流水质的变化趋势、土地沙漠化的变化过程等都属于趋势分析。

4. 模式分析

模式分析是分析多种类型的空间实体的空间结构特征,即空间格局问题,揭示已有和现有的空间实体或现象之间的空间关系,即它们之间的影响或者作用。模式分析也为模拟预测提供基础信息。

例如要对河流水质问题进行研究,需要了解周边的污染源有哪些、是否造成了水质污染现象,这项工作就可以通过模式分析来实现。首先需要获取到污染源分布图和河流水质级别图,然后将两个图进行叠加,分析污染源和河流水质的空间结构特征,揭示造成不同区域河流水质污染的主要污染源有哪些、目前需要对哪些污染源进行控制。这样有针对性地对污染源进行管理,可以有效地达到提高河流水质的目的,这就属于模式分析。当然若想了解它们之间的具体关系,还需利用模型等方法进行求解,从而实现对河流污染源的精细化控制。

5. 模拟预测

模拟预测往往是建立在趋势分析的基础上,它比趋势分析更进一步,即预测某个地方如果具备某种条件会发生什么情况。为了更好地实现预测,模拟预测常常需要趋势分析和模式分析提供基础信息,预测将来是什么样的变化趋势。模拟预测可以做到未知先觉,提前做好应对措施,还可以提供给管理者更多的模拟信息,制定更加有效的应对方案。

例如对河流污染源排放量进行精细化控制问题,现在已知河流污染物排放量超标,导致河流水质变差,水质功能区下游河流水质已经成为Ⅳ级水质,河流污染源排放量精细化控制全局视图如图 3.7 所示,若要达到国际标准,必须提到Ⅲ级水质。决策支持系统利用模拟预测方法可以预测:当河流下游水质级别提升到Ⅲ级水质时,三个污染源的排放量需要控制在什么范围。利用数学模型或水质模型进行模拟预测,就会得到预测结果(图3.8),同时给出决策方案的建议(图3.9),管理者可根据上述结果合理决策,对污染源进行控制,实现提高河流水质的目的。

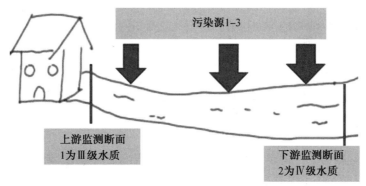

图 3.7　河流污染源排放量精细化控制全局视图

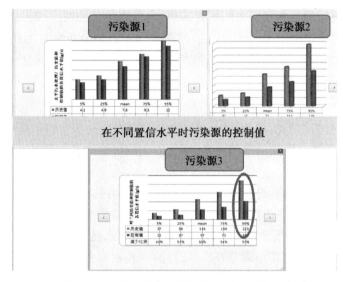

图 3.8　污染源排放量精细化控制预测结果

图 3.9　污染源管理方案建议

3.1.3　GIS 的空间分析

空间分析是指以地物的空间位置和形态为基础,以地学原理为依托,以空间数据运算为手段,提取和产生新的空间信息的技术和过程,并以此作为空间行为的决策依据。空间数据分析是 GIS 的主要功能和核心部分。获取新信息的时空数据需与属性数据结合。本节将介绍几种常用的空间分析方法,包括空间查询、空间量算、缓冲区分析和叠加分析,这些都是用于形成决策信息的基本分析方法。

1. 空间查询

空间查询是按照一定的要求对环境数据库中所描述的空间实体及其空间信息进行访问,从众多的空间实体中挑选出满足用户要求的空间实体及其相应的属性。查询的基本方式包括三种:图形查属性、属性查图形和二者的结合使用。

（1）图形查属性。

图形查属性是根据图形的空间位置来查询有关实体的属性信息。一般地理信息系统软件都提供一个 INFO 工具，让用户利用光标，用点选、画线、矩形、圆、不规则多边形等工具选中地物，并显示出所查询对象的属性列表，可进行有关统计分析。该查询通常分为两步：首先借助空间索引，在地理信息系统数据库中快速检索出被选空间实体；然后根据空间实体与属性的连接关系即可得到所查询空间实体的属性内容。例如查询松花江某水质监测站的氨氮浓度。

（2）属性查图形。

根据一定的属性条件来查询满足条件的空间实体的位置。在属性关系数据库中查询到结果（位置）后，再利用图形和属性的对应关系，进一步在图上用指定的显示方式将结果定位绘出（可视化显示）。例如工厂寻址问题就属于属性查图形方式。

（3）二者的结合使用。

因为实际的环境问题都是非常复杂的，所以上述两种基本方法通常结合起来使用，即空间数据（信息）和属性数据（信息）结合起来一起使用，来查询某些内容。

这里需要注意的是，无论是图形查属性、属性查图形，还是二者的结合使用，对于空间实体的研究，都需要空间信息和属性信息结合起来，才能获得全面准确的信息。

2. 空间量算

空间量算是对各种空间实体的基本参数进行量算与分析，是对空间信息的自动化量算，是地理信息系统所具有的重要功能，也是进行其他空间分析的定量化基础。常用的空间量算方法包括质心量算、几何量算、形状量算和距离量算。

（1）质心量算。

在 GIS 中质心被定义为地理事物或现象某种属性的最优点，即保持属性目标均匀分布的平衡点，是分布中心。质心是描述地理对象空间分布的一个重要指标。例如要得到一个全国的人口分布等值线图，而人口数据只能到县级，所以必须在每个县域里定义一个点作为质心，代表该县的数值，然后进行插值计算全国人口等值线。质心的量算可以跟踪某些地理分布的变化，如人口的变迁、土地类型的变化（草地、耕地）等。质心的使用也可以简化某些复杂目标，在一些情况下，可以方便地计算预测模型结果。

（2）几何量算。

GIS 中对规则的空间实体可以进行几何量算，根据空间实体的类型，采用不同的几何量算方法。通常进行量算的指标如下：

①点状目标：坐标。

②线状目标：长度、曲率、方向等。

③面状目标：面积、周长等。

④体状目标：表面积、体积等。

（3）形状量算。

对于复杂的、不规则的面状实体可以进行形状量算。常见的面状地物形状量测的两个内容是空间一致性问题和多边形边界特征描述问题。

①空间一致性问题。

空间一致性问题即有孔多边形和破碎多边形的处理。度量空间一致性最常用的指标是欧拉函数,用来计算多边形的破碎程度和孔的数目。公式为

$$欧拉数=孔数-(碎片数-1) \tag{3.1}$$

根据公式可知,欧拉数越小,相同孔数面状实体越分散。欧拉数不变时,孔数增多,碎片数也增多,如图3.10所示。

图3.10　空间一致性问题的欧拉数

②多边形边界特征描述问题。

多边形边界特征描述问题即用形状系数来描述多边形边界特征问题。如果认为一个标准的圆目标既非紧凑型也非膨胀型,对一个多边形则可定义其形状系数 U 为

$$U = \frac{P}{2\sqrt{\pi}\sqrt{A}} \tag{3.2}$$

其中,P 为目标物周长,A 为目标物面积。

如果 $U<1$,目标物为紧凑型;$U=1$,目标物为一标准圆;$U>1$,目标物为膨胀型,如图3.11所示。

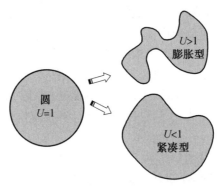

图3.11　多边形边界特征描述问题中的形状系数

(4)距离量算。

在GIS中通常要描述地物之间的距离,距离量算可以准确地测量不同地物之间的距离大小,它反映了两个地物之间的远近程度。GIS中最常用的距离概念是欧氏距离。

3.缓冲区分析

缓冲区分析是对选中的一组或一类地图要素(点、线和面)按设定的距离条件,围绕其要素自动建立它们周围一定距离的带状区(图3.12),用以识别这些实体或主体对邻近

对象的辐射范围或影响度,以便为某项分析或决策提供依据。

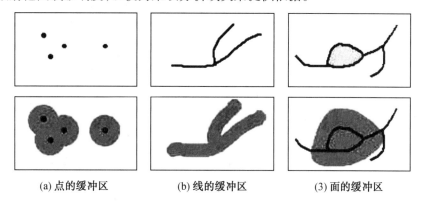

(a) 点的缓冲区　　(b) 线的缓冲区　　(3) 面的缓冲区

图 3.12　点、线、面地图要素的缓冲区

(1)组成要素。

缓冲区分析组成要素如下:

①主体:表示分析的主要目标,一般分为点源、线源和面源三种类型。

②邻近对象:表示受主体影响的客体,例如污染源对周围环境中可造成影响的空间实体、新建道路周围有可能遭到砍伐的森林、森林遭砍伐后所影响的周围的水土等。

③作用条件:表示主体对邻近对象施加作用的影响条件或强度。主体对临近对象施加的作用强度一般随着距离的增加会渐渐减弱。例如污染源对其周围的污染量随距离增大而减小。

(2)特殊情况的缓冲区生成问题。

①当缓冲区发生重叠时的处理。

缓冲区的重叠包括多个特征缓冲区之间的重叠(图 3.13)和同一特征缓冲区图形的重叠(图 3.14)。对于多个特征缓冲区之间的重叠,首先通过拓扑分析的方法,自动地识别出落在某个缓冲区内部的那些线段或弧段,然后删除这些线段或弧段,得到经处理后的连通缓冲区(图 3.13(c))。对于同一特征缓冲区图形的重叠,通过逐条线段求交,如果有交点且在两条线段上,则记录该交点。至于该线段的第二个端点是否要保留,则看其是进入重叠区,还是从重叠区出来。对进入重叠区的点予以删除,否则记录之,便得到包括岛状图形的缓冲区(图 3.14(c))。

(a) 输入数据　　(b) 缓冲区操作　　(c) 重叠处理后的缓冲

图 3.13　多个特征缓冲区图形的处理

(a) 输入数据   (b) 缓冲区操作   (c) 重叠处理后的缓冲

图 3.14 同一特征缓冲区图形的处理

②对属性特征不同的缓冲区宽度的处理。

例如沿河流给出的环境敏感区的宽度,与各段河流的类型及其特点有关(如河流深度),通过建立河流属性表,根据不同属性确定其不同的缓冲区宽度(图 3.15(a))可以产生所需要的缓冲区(图 3.15(b))。

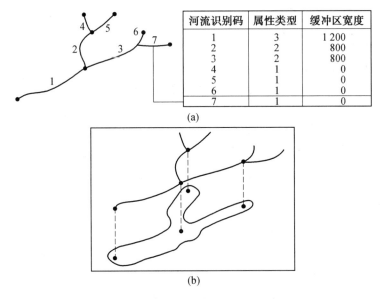

河流识别码	属性类型	缓冲区宽度
1	3	1 200
2	2	800
3	2	800
4	1	0
5	1	0
6	1	0
7	1	0

(a)

(b)

图 3.15 河流类型及相应宽度缓冲区的建立

③复杂图形情况下缓冲区和非缓冲区的标示处理。

对于原来复杂的要素,经缓冲区分析后,生成许多的多边形,这些新多边形互相交织在一起,很难分出哪些是缓冲区、哪些是非缓冲区,这时需对每个多边形加以特征属性的标示。如图 3.16(c)所示,1 表示属于非缓冲区的多边形,100 表示属于缓冲区的多边形。

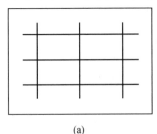
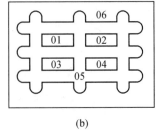

多边形号	标示码
1	1
2	1
3	1
4	1
5	100
6	1

(a)   (b)   (c)

图 3.16 复杂图形情况下缓冲区和非缓冲区的标示处理

④需要对缓冲区图形和原输入图形做比较分析的处理。

由于所产生的缓冲区总是一些新的多边形,它们不包括原来输入的点、线、面要素,如果需要显示这些原来的要素,可以利用系统的制图功能将它们显示出来,以供生成的缓冲区图形与原输入的要素图形比较分析。

(3)缓冲区分析举例。

例如要建立一个森林公园旅游点,需考虑交通因素,假设该旅游点需满足距离公路、铁路 0.5 千米以外,10 千米以内。具体的操作步骤如下:

①将所有公路和铁路生成 0.5 千米宽的缓冲区,因为公园距离道路太近可能导致森林资源的破坏。

②将所有公路和铁路生成 10 千米宽的缓冲区,因为公园距离道路太远导致交通不便利。

③将两个缓冲区叠加,寻找满足要求的地块。

4. 叠加分析

叠加分析是指在统一空间参照系统条件下,每次将同一地区两个及以上地理对象的图层进行叠合,以产生空间区域的多重属性特征,或建立地理对象之间的空间对应关系。

一般 GIS 是每种地理要素建立一个图层,如流域图层、植被图层、行政区划分等,我们得到的地图实际上是不同地理要素的图层叠加而成,在叠加过程中,可以获得新的信息,例如行政区划图和道路图叠加可以知道每个区域的道路是如何分布的。叠加分析通常包括视觉信息叠加分析、矢量数据叠加分析和栅格数据叠加分析。

(1)视觉信息叠加分析。

视觉信息叠加是将不同专题地图(图层)的内容叠加显示在结果图上,以便系统使用者判断不同专题地理实体的相互空间关系,获得更为丰富的信息。层面之间无实际逻辑关系,无新的数据产生。视觉信息叠加分析主要包括:①点状图、线状图和面状图之间的叠加显示;②遥感影像与专题地图的叠加;③专题地图与数字高程模型叠加显示立体专题图。

(2)矢量数据叠加分析。

矢量数据叠加分析是指通过将不同类型的矢量数据叠加后获得新信息的分析方法,一般会产生新数据。它包括点与多边形的叠加、线与多边形的叠加和多边形与多边形的叠加。

①点与多边形的叠加。

确定一个图层上的点落在另一个图层的哪一个多边形内,从而给相应的点增加新的属性内容(图 3.17)。

②线与多边形的叠加。

确定一个图层上的弧段落在另一个图层的哪一个多边形内,从而给图层的每条弧段建立新的属性(图 3.18)。

③多边形与多边形的叠加。

多边形与多边形的叠加指同一地区、同一比例尺的两组或两组以上的多边形要素的数据文件(图层)进行叠置,可以分为合成叠置和统计叠置。

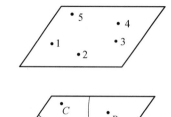

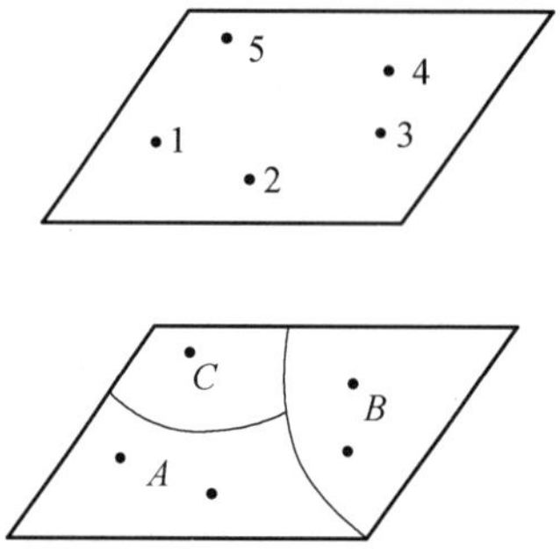

点号	属性1	属性2	多边形号	属性4
1			A	
2			A	
3			B	
4			B	
5			C	

图 3.17 点与多边形的叠加

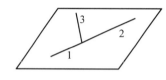

线号	原线号	多边形号
1	1	A
2	2	A
3	2	B
4	3	A
5	3	C

图 3.18 线与多边形的叠加

合成叠置用于搜索同时具有几种地理属性的分布区域,或对叠加后产生的多重属性进行新的分类。合成叠置会因为合成结果属性值的多重性而产生新的区域(图3.19)。

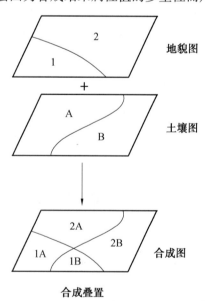

图 3.19 多边形与多边形的合成叠置

统计叠置是提取某个区域范围内某些属性内容的数量特征,为每个空间实体增加新的属性特征。如图 3.20 所示,每个行政区的土壤类型数即为新增加的属性特征。

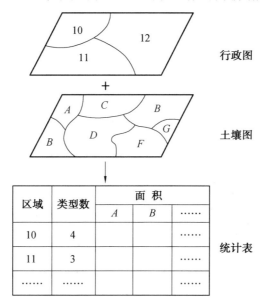

图 3.20　多边形与多边形的统计叠置

(3)栅格数据叠加分析。

栅格数据就是将空间分割成有规律的网格,每一个网格称为一个单元,并在各单元上赋予相应的属性值来表示实体的一种数据形式。栅格数据具有属性特征明显、空间特征隐含的特点。每一个单元(像素)的位置由它的行列号定义,所表示的实体位置隐含在栅格行列位置中,数据组织中的每个数据表示地物或现象的非几何属性或指向其属性的指针。

一类栅格数据存放在一个实体属性表中,成为一个数据层面,即栅格数据层,与矢量数据层一样,也是一个数据层面表达一类空间实体(图 3.21)。栅格数据叠加分析是指通过数学关系建立不同栅格数据层面(实体属性表)之间的联系,通过各种各样的方程或模型将不同属性表中的数据进行叠加运算,以揭示某种空间现象或空间过程。图 3.21 就可以将右侧三个栅格数据层进行叠加,从而形成最终的栅格叠加数据层,其中每个像元的属性值为三个图层对应像元属性值的某种运算结果。

(4)叠加分析举例。

例如洪水淹没损失分析,叠加分析的目的是估计当洪水水位的相对高程为 500 米时,住宅用地(属性值为 R1 和 R2)被洪水淹没而造成的财产损失。已知财产损失的大小与受淹面积、单位面积上居民的财产拥有量(地均财产)、地基的稳定性(损失系数)三个因素有关,即财产损失=受淹面积×地均财产×损失系数。具体的叠加分析步骤如下:

①首先获取数字化地块多边形数据(空间和属性数据),包括地块多边形地图和每个地块拥有面积、土地使用类型、可遭损失的财产状况(简称估计财产)、不同地基类型、地均财产等属性。从属性表中找到哪些是住宅用地,并了解它们的具体情况,获取数字化等

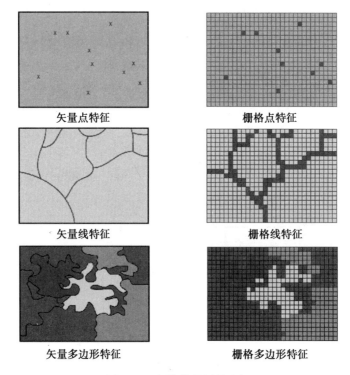

矢量点特征　　　　　栅格点特征

矢量线特征　　　　　栅格线特征

矢量多边形特征　　　栅格多边形特征

图 3.21　栅格数据层的叠加

高线地形图数据(空间和属性数据)。

②将地块多边形地图和等高线地形图叠合,产生地块—高程多边形地图和对应的属性表。

③对地块—高程多边形地图和对应的属性表进行叠加分析,选择高程小于等于500米,土地使用性质为住宅(R1、R2)的记录,可找到影响财产损失的第一个影响因素——受淹区域面积。

④在地块—高程属性表中寻找对应的地均财产,可找到影响财产损失的第二个影响因素——地均财产。

⑤对每一类地基,可估计其稳定性,并估计房屋倒塌的可能性,称损失系数。地块—高程属性表中包括地基类型属性,通过地基—损失系数关系表可找到影响财产损失的第三个影响因素——损失系数。

⑥应用找到的三个影响因素数值,可以估算财产损失,并形成财产损失估计表。

⑦将财产损失估计表中的内容与原地块—高程图和属性表对比,得到洪水淹没损失分布图(图 3.22)和分析结论表(表 3.2)。

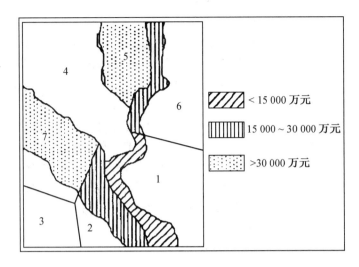

图 3.22 洪水淹没损失分布图

表 3.2 洪水淹没损失分析结论表

地块多边形编号	被淹面积比例/%	估计财产/万元	估计损失/万元
1	26.86	10 000	2 014.61
2	60.94	50 000	15 236.03
5	97.93	10 000	48 967.36
6	20.25	115 000	17 469.82
7	75.19	100 000	37 593.67
合计	—	285 000	121 281.49

3.1.4 GIS 在环境领域中的应用

例 1：某活动要路过一段街区，会产生一定的噪声污染，对居民造成影响，现要计算该活动经过哪条街道为宜。具体的空间分析过程如下：

(1)将所有能走的路径列出。

(2)根据该活动噪声污染的强度为每条道路分别建立缓冲区。

(3)将缓冲区与居民区面叠加分析，计算出缓冲区覆盖的居民区面积。

(4)根据计算结果确定活动走哪条路径最佳。

例 2：工厂选址决策分析，具体步骤如下：

(1)建立分析的目的和准则。

目的是通过空间分析确定一个具体的地块，作为一个轻度污染工厂的可能建设位置。工厂选址的标准包括：

①地块建设用地面积不小于 10 000 平方米。

②地块的地价不超过 1 万元/平方米。

③地块周围不能有幼儿园、学校等公共设施，以免受到工厂生产的影响。

（2）从数据库中提取用于选址的数据。

为达到选址的目的,需要准备两种数据:一种为全市所有可用地块信息的数据层;另一种为全市公共设施(包括幼儿园、学校等)的分布图。上述数据均包括空间数据和属性数据。

（3）空间分析。

首先进行第一次特征提取,从地块图中选择所有满足条件①、②的地块,作为备选地块。然后对备选地块进行缓冲区分析,即根据工厂可能造成的污染为备选地块建立一定的缓冲区,确定受污染的范围。下一步进行叠加分析,将备选地块及缓冲区与公共设施层数据进行叠加,分析工厂附近(缓冲区内)是否有幼儿园、学校等公共设施。最后进行第二次特征提取,即根据上一步分析结果,提取备选地块周围没有幼儿园、学校等公共设施的地块,作为满足全部要求的工厂选址地点。

（4）形成分析结果并输出,作为辅助决策的信息。

输出的分析结果包括:

①空间信息:选择地块及其周围公共设施的地图。

②属性信息:该地块的属性表格(包含所选地块的面积、地价、周围公共设施介绍等信息)。

3.2 遥感技术

环境治理是大环境问题,所有宏观的或区域性的环境问题都涉及空间(环境)数据,因此对大环境问题的研究离不开大范围的时空数据。遥感技术(RS技术)是获取大范围时空数据的最佳工具,下面介绍遥感技术及其在环境中的应用。

3.2.1 遥感技术概述

1. 环境空间数据的采集

（1）基于地面的空间数据采集方法。

基于地面的空间数据采集方法是指在真实的环境中进行的数据采集方法,包括现场观测、实际测量及实际调查等(图3.23)。

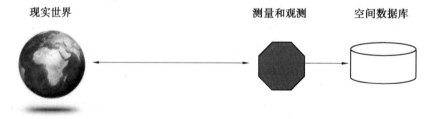

现实世界　　　　测量和观测　　　空间数据库

图3.23　基于地面的空间数据采集方法

（2）基于遥感的空间数据采集方法。

基于遥感的空间数据采集方法是指基于如航空摄像、扫描器或雷达等传感器获取的影像数据进行数据解译的方法(图 3.24)。采用基于遥感的采集方法,意味着信息是来自影像数据,而影像数据只是真实世界的(有限的)表现。

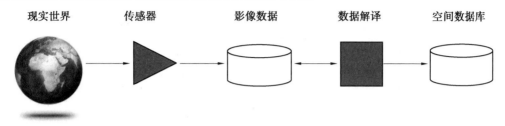

| 现实世界 | 传感器 | 影像数据 | 数据解译 | 空间数据库 |

图 3.24　基于遥感的空间数据采集方法

2. 遥感的定义

遥感(Remote Sensing, RS)即"遥远的感知",可理解为在不直接接触物体的情况下,借助一定的仪器设备对目标与自然现象进行远距离探测的技术。现代遥感技术主要是指应用搭载在遥感平台上的探测仪器(传感器),从高空或外层空间接收目标地物自身发射或者对自然辐射源反射的电磁波以获取地表信息(遥感影像),通过数据的传输、处理、解译和分析,以揭示物体的特征、性质及其变化的综合性探测技术(图 3.25),在这里太阳是自然辐射源。

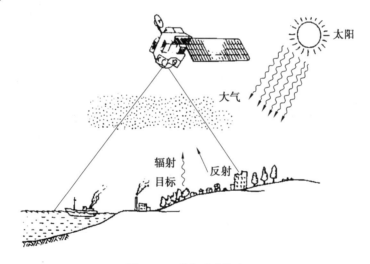

图 3.25　现代遥感技术

传感器记录的电磁波能量为电磁波光谱的特定波段的信息,通常为可见光,也可以是其他电磁波(图 3.26)。

环境遥感是以探测地球表层系统及其动态变化为目的,对大气环境、水环境(包括海洋环境)、土地环境、生态环境等环境要素实施全方位、多尺度、多层次、多角度的探测和研究。

随着全球变化的加剧和环境污染问题的日益突出,遥感技术在环境科学领域中得到越来越广泛的应用。利用遥感技术监测大范围的环境变化成为获取环境信息的强有力手段。环境遥感逐渐发展成为遥感应用学科的一个重要组成部分。

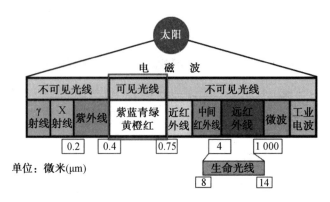

图 3.26　传感器记录的电磁波类型

3. 遥感技术的分类

遥感传感器类型很多,遥感平台根据与地球表面距离的不同进行分类,遥感工作方式等也会有所不同,因此可以将遥感技术进行不同的分类。

(1)按照工作平台分类。

①地面遥感:传感器设置在地面平台上,如车载、船载、固定或活动高架平台上。

②航空遥感:传感器以飞机或气球为平台。

③航天遥感:传感器以火箭、人造卫星(主要方式)、空间实验站或航天飞机为平台。

④航宇遥感:传感器设置在星际飞船上,用于对地月系统外的目标的探测。

(2)按照遥感工作方式分类。

①主动遥感:传感器接收地物直接发射的电磁波,或者接收地物反射太阳辐射的电磁波。

②被动遥感:由探测器主动向地面目标发射一定能量的电磁波,然后再由传感器收集返回的电磁波信号。

(3)按照遥感的工作波段分类。

按照传感器接受地物发射电磁波类型的不同,可分为:

①紫外遥感。

②可见光遥感。

③红外遥感。

④微波遥感。

⑤多波段遥感。

(4)按照信息资料类型分类。

按照形成的遥感信息以什么方式表现出来,可分为:

①成像遥感:把目标物体反射或发射的某波段电磁波强度,用深浅色调或彩色的影像直观地表现出来。

②非成像遥感:传感器接收的目标电磁波信号不能形成图形,而是用数据或曲线形式表示出来。

4. 遥感技术的发展

遥感技术的发展经历了三个阶段。

(1) 地面遥感(1608—1857 年)。

最早的地面遥感是用望远镜观测的。1608 年望远镜的发明,1837 年感光胶片的问世,可以更加直观地观测遥感数据,这些事件都推动着地面遥感技术的发展。

(2) 航空遥感(1858—1956 年)。

1903 年莱特兄弟发明了飞机,促进了航空遥感的发展。将传感器放到飞机上观测地球,大大增加了获取空间数据的范围。

(3) 航天遥感(1957 年至今)。

1957 年苏联第一颗人造地球卫星的发射,进一步推动遥感科学的发展。现代遥感技术是从 20 世纪 60 年代发展起来的。1960 年美国发射了太阳同步气象卫星 TIROS-1 和 NOAA-1,从此开始真正从航天器上对地球进行长期观测。1961 年,在美国国家科学院资助下,密歇根大学召开了"环境遥感国际讨论会",标志着遥感作为一门新兴独立学科的诞生。这个阶段的遥感技术不仅可以观测到全世界范围的空间数据,还可以获得实时数据,这使得遥感技术的应用越来越广。

近些年,随着遥感技术及其相关技术的不断发展和应用,遥感技术已经有了新的发展:

(1) 遥感对地观测的空间信息获取技术有了新的发展。

(2) 随着数字成像技术和计算机图像处理技术的迅速发展,遥感信息的处理技术获得了较快的发展。

(3) 由于遥感信息处理技术的不断发展,遥感技术的应用也获得了空前的拓展。

5. 环境遥感的特点

环境遥感的特点如下:

(1) 多空间尺度性:环境变化的空间尺度不同,需要采用不同的遥感技术手段,如地面、航天、航空。

(2) 多时间尺度性:由于环境变化的时间尺度不同,对遥感信息周期长短的要求也不一致。例如草原退化、土地沙漠化问题,是长期监测的问题,监测周期就很长,可达几十年;如果是突发环境污染事件,监测的时间就很短,可能就几天、十几天或者几个月。

(3) 多用途性:环境遥感分为水环境遥感、大气环境遥感、生态环境遥感、灾害遥感等。

(4) 多学科综合性:环境遥感是地理科学、计算机科学与环境科学的交叉学科。

6. 遥感技术系统的组成

遥感技术系统分为遥感信息的获取、传输与接收、处理和应用四个部分(图 3.27)。

(1) 遥感信息的获取。

遥感影像可以进行远距离传输,从传感器上传输到地面的数据处理中心。环境遥感信息获取是环境遥感技术的中心工作。环境遥感工作平台和传感器是确保环境遥感信息获取的物质保证。环境遥感平台是指装载传感器进行遥感探测的运载工具,如飞机、人造

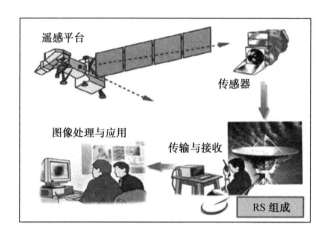

图 3.27　遥感技术系统的组成

卫星、宇宙飞船等。传感器是指收集和记录地物电磁辐射能量信息的装置。

(2)遥感信息的传输与接收。

环境遥感信息的传输与接收是指遥感平台上的传感器所获取的目标物信息传向地面,并被地面站接收的过程。根据传感器所放的位置,传输与接收过程分为直接回收和无线电传输。直接回收是指将遥感信息资料(感光片、磁带等)直接拿回地面,飞机、气球、宇宙飞船、探测火箭常采用这种方式,这种方式的特点是简单、易保密、非实时、传输的容量相对较大。无线电传输是指将传感器接收到的信息通过无线电电波的方式传给地面接收站。人造卫星常用这种方式,这种方式的特点是可实时也可非实时、保密性差、传输量受限。

(3)遥感信息的处理。

遥感信息的处理是对地面站接收的遥感信息进行校正复原、加工提取、并提供满足用户要求的产品的过程。处理的目的:①使处理后的图像恢复或近似目标物的真实情况;②突出景物特征,使之易于区分和判读;③根据要解决什么科学问题,提取不同用途及可用性更高的信息。

遥感信息的表示既有光学图像又有数字图像。光学图像又称模拟图像,例如老式照相机用的胶卷、照相馆用胶片洗出来的照片。数字图像是指能够被计算机存储、处理和使用的图像。遥感数字图像是遥感信息表示的最重要的方式,而遥感数字图像计算机处理已经成为遥感图像应用分析处理的最主要手段。

(4)遥感信息的应用。

遥感信息是人们了解自然、认识自然、改造自然、保护环境和资源的重要信息源。遥感已从利用单一波段的遥感资料进行分析、应用,向利用多平台、多波段、多光谱、多时相的遥感资料进行综合分析、应用发展。由于遥感信息的独特优势,遥感技术广泛应用于水环境、大气环境、生态环境等多个领域。

3.2.2　基于数据融合技术的遥感数据处理

随着计算机技术的发展和软件水平的提高,遥感数字图像计算机处理已经成为遥感图像应用分析处理的最主要手段。遥感数字图像处理涉及的内容很多,目前,最常用的有遥感图像校正、遥感图像增强处理和多源数据融合三个方面。

1. 遥感图像校正

校正处理也称图像恢复或图像复原,处理内容包括辐射校正、几何校正、数字图像镶嵌等,即对辐射量失真及几何畸变等进行校正。

(1)辐射校正。

进入传感器的辐射强度反映在图像上就是亮度值(灰度值)。辐射强度越大,亮度值(灰度值)越大。利用传感器观测目标物辐射或反射的电磁能量时,从传感器得到的测量值与目标物的光谱反射率或光谱辐射亮度等物理量是不一致的,传感器本身的光电系统特征、太阳高度、地形以及大气条件等都会引起光谱亮度的失真。为了正确评价地物的反射特征及辐射特征,必须尽量消除这些失真。消除图像数据中依附在辐射亮度里的各种失真过程称为辐射校正。完整的辐射校正包括辐射定标、大气校正以及太阳高度和地形校正。

(2)几何校正。

遥感图像几何位置的畸变一般分为系统性和非系统性两大类。系统性几何变形是有规律和可以预测的,通常在地面接收站的数据处理中心应用模拟遥感平台和传感器内部变形的数学公式或模型来预测;非系统性几何变形是不规律的,通常是由飞行器姿态、高度、速度和地球自转等因素造成的,表现为像元相对地面目标实际位置发生挤压、扭曲、伸展和偏移等,这类畸变是随机产生的,多采用采集地面控制点的方法进行几何校正。

几何校正通常分为三个步骤:首先要选取地面控制点,在图像与图像或地图上分别读出各个控制点在图像上的像元坐标及其参考图像或地图上的坐标;其次选择合适的坐标变换函数式(即数学校正模型),建立图像坐标与其参考坐标之间的关系式,通常又称为多项式校正模型,用所选定的控制点坐标按最小二乘法回归求出多项式系数(又称换算参数);最后计算每个地面控制点的均方根误差,通常用户会指定一个可以接受的最大总均方根误差,如果控制点的实际总均方根误差超过了这个值,则需要删除具有最大均方根误差的地面控制点,改选坐标变换函数式,重新计算多项式系数和均方根误差,重复以上过程,直至达到所要求的精度为止,最终建立多项式校正模型。

模型确定后,需要对全幅图像的各像元进行坐标变换,重新定位,以达到校正的目的。重新定位后的像元在原图像中分布是不均匀的,即输出图像像元点在输入图像中的行列号不是或不全是整数关系。因此,需要根据输出图像上的各像元在输入图像中的位置,对原始图像按照一定规则重新采样,进行亮度值的插值计算,建立新的图像矩阵。

(3)数字图像镶嵌。

当研究区超出单幅遥感图像所覆盖的范围时,通常需要将两幅或多幅图像拼接起来形成一幅或一系列覆盖全区的较大图像,该过程即图像镶嵌。进行图像镶嵌时,首先要指定一幅参照图像,作为镶嵌过程中对比度匹配以及镶嵌后输出图像的地理投影、像元大小、数据类型的参照。在重复覆盖区,各图像之间应有较高的配准精度,必要时要在图像之间利用控制点进行配准,尽管其像元大小可以不一样,但应包含与参照图同样数量的层数。

为便于图像镶嵌,一般要保证相邻图幅间有一定的重复覆盖区,由于其获取时间的差异、太阳光强及大气状态的变化,或者传感器本身的不稳定,在不同图像上的对比度及亮度值会有差异,因而有必要对各镶嵌图像在全幅或重复覆盖区上进行匹配,以便使镶嵌后输出图像的亮度值和对比度均衡化。最常用的图像匹配方法有直方图匹配和彩色亮度匹配。

2.遥感图像增强处理

为突出有用的信息和特征,压缩和弱化弱相关信息,以达到有利于人眼的识别和观察,或有利于计算机分类的目的,在图像处理过程中需要对图像像元灰度值进行某种变换处理,以突出图像中的有用信息,称为图像增强。遥感图像增强处理主要有彩色图像增强、光谱增强和变换以及空间域图像增强。

(1)彩色图像增强。

由于人眼对黑白图像灰度级别只能分辨20级左右,但对彩色差异的分辨能力却比较强,所以可以使用彩色和色调的变化来代替图像黑白灰度级别的变化,从而达到突出图像信息空间分布的目的。遥感图像的彩色处理主要有假彩色密度分割、彩色增强和多波段假彩色合成等。

①假彩色密度分割:对单波段黑白遥感图像不同的亮度分层赋予不同的色彩,使之成为一幅彩色图像的方法。

②彩色增强:将图像灰度通过某一种加色比例函数变换到彩色级,以增强人眼对图像的识别效果的一种方法。

③多波段假彩色合成:针对多波段遥感影像所采取的一种彩色图像增强方法,即选择遥感影像的某三个波段,分别赋予红、绿、蓝三种原色,从而合成彩色影像。由于原色的选择与原来遥感波段所代表的真实颜色不同,因此,所生成的合成色不是地物真实的颜色,这种合成称为假彩色合成。波段的组合方案决定了彩色影像能否显示较丰富的地物信息或突出某一方面信息。以陆地卫星 Landsat 的 TM(Thematic Mapper)影像为例,在 TM 的 7 个波段中,当4、3、2 波段被分别赋予红、绿、蓝色时,其合成方案称为标准假彩色合成,是一种常用的合成方案。

(2)光谱增强和变换。

光谱增强和变换对应每个像元,由于与像元的空间排列和结构无关,所以又称点操作。它是对目标物的光谱特征,如像元的对比度、波段间的亮度比等,进行增强和变换。其主要包括对比度增强、图像运算和多光谱变换等。

①对比度增强:一种通过改变图像像元亮度值来改变图像像元对比度,改善图像质量的图像处理方法。亮度值是辐射强度的反映,因此也称为辐射增强。

②图像运算:在遥感图像处理中,常常在同一幅遥感图像的不同波段之间或者两幅以上的图像间对每个对应像元进行代数运算,以求出几个波段或几个图像的和、差、积、商,达到图像增强的目的。

③多光谱变换:多光谱图像的各波段之间经常是高度相关的,它们的数值以及显示出来的视觉效果往往相似,即存在数据冗余,致使图像处理工作量增大。多光谱变换方法可通过函数变换,达到保留主要信息、降低数据量、增强或提取有用信息的目的。常用的方

法包括主成分分析(K–L 变换)和缨帽变换(K–T 变换)。

（3）空间域图像增强。

空间域图像增强主要针对图像的空间特征,通过改变每个像元及其周围像元亮度之间的关系,而使图像的空间几何特征,如边缘,目标物的形状、大小、线性特征等突出或者弱化。它侧重于图像的空间特征或频率,空间频率主要是指图像的平滑或粗糙程度。一般来说,高空间频率区域称为"粗糙",即图像的亮度值在小范围内变化很大,如道路和房屋的边界;而在"平滑"区,图像的亮度值变化相对较小,如平静的水体表面等。低通滤波主要用于加强图像中的低频部分,而减弱图像中的高频成分;高通滤波恰好相反。空间域图像增强包括空间滤波、傅里叶变换以及比例空间的各种变换,如小波变换等。

3. 多源数据融合

多种数据源的融合是将多种遥感平台、多时相遥感数据之间,以及遥感数据与非遥感数据之间的信息组合匹配的技术。数据融合时针对的是同一空间实体或者同一区域的数据。数据融合的目的是将各种不同的数据信息进行综合,吸取不同数据源的特点,然后从中提取出统一的,比单一数据更好、更丰富的信息。

（1）多源数据融合方式举例。

①将多种来源的遥感数据融合,可实现不同遥感数据源的优势互补,弥补某一遥感数据的不足之处,提高遥感数据的可用性。

②多种来源的数据(如遥感和非遥感数据)对同一环境实体进行说明,结果更加准确。例如河流的遥感数据和现场测量数据融合。

③通过对环境要素多时相数据的融合,可掌握同一实体的时空变化情况。充分利用卫星遥感、环境政务、物联网和互联网等多源数据,采用多源数据融合技术以及大数据分析挖掘技术,应用于大气、水、土壤、生态环境监测,可提高环境管理的水平,对环境治理有着重要的意义,也是未来环境管理技术的一个重要方向。

（2）多源遥感影像融合层次。

影像融合可分为像元级融合、特征级融合和分类级(决策级)融合三个层次。三种融合层次的特点比较见表 3.3。

表 3.3　三种融合层次的特点比较

融合层次	信息损失	实时性	精度	容错性	抗干扰力	计算量	融合水平
像元级	小	差	高	中	差	大	低
特征级	中	中	中	中	中	中	中
分类级（决策级）	大	好	低	优	优	小	高

①像元级融合:像元级融合是最低级的融合,将影像进行空间配准,然后加权求和影像的物理量,求和值为新影像在该坐标上的像元值。它主要是增加图像中有用的信息成分,具有较高的精度,但处理的信息量较大。

②特征级融合:特征级融合是在影像特征提取阶段进行融合。对不同影像进行特征

提取,按各影像上相同类型的特征进行融合处理。融合之后可以从融合的影像中以较高的置信度提取需要的专题影像特征,融合后的影像可以在很大程度上提供决策分析所需要的特征信息,其缺点是融合精度较像元级融合精度差。

③分类级(决策级)融合:分类级(决策级)融合是最高水平的融合。首先对传感器影像进行分类,确定各类别中的特征影像,然后分类判决,组合成决策树。该方法具有很强的容错性、开放性和处理时间短等特点,但融合精度较低。

(3)多源遥感影像融合方法。

从融合对象上看,信息融合不仅包括多传感器、多时相和多频谱的卫星遥感影像,而且还包括其他平台上的数据资源(如航空、地面机载遥感)。数据融合不是把几种不同来源的数据拿来对比,看哪个好用哪个,而是要实现真正意义的数据融合,在融合时根据实际需要和融合目的,选择合适的融合方法,融合方法通常与相应的数学理论结合加以应用,如模糊数学、概率论、数学变换等。

不同层次数据融合的常用方法见表3.4。

表3.4　不同层次融合使用的融合方法

基于像元级	基于特征级	基于决策级
代数法	贝叶斯估计法	基于知识的融合法
HIS 变换法	Dempeter-Shafer 法	Dempeter-Shafer 法
高通滤波法	熵法	模糊集理论
回归模型法	带权平均法	可靠性理论
最佳变量替换法	神经网络法	贝叶斯估计法
Kalman 滤波法	聚类分析法	神经网络法
小波变换法	表决法	逻辑模块法

(4)多源遥感影像融合过程。

多源遥感影像融合包括数据准备和预处理、影像数据融合两个过程(图3.28)。

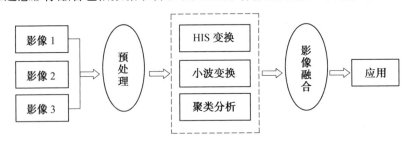

图3.28　多源遥感影像融合过程

①数据准备和预处理。

收集要进行融合的原始遥感影像,对其进行预处理,包括:除去原始影像中有问题的扫描线和噪声,以提高影像质量,保证融合效果;根据影像融合范围进行裁剪,以减少融合像元数目,提高速度;对要融合的影像进行空间配准,高精度的配准是提高融合质量的关键因素。

②影像数据融合。

根据实际需要和融合目的选择合适的融合方法。在融合过程中每一步变换都有一系列的参数要确定和选择,这些参数会影响最后的融合效果,因此,一种融合算法也需要进行多次试验,同时不同融合方法之间也需要进行对比,之后才可以确定最适当的融合方法以及选择的参数。对于各种算法所获得的融合遥感影像,可根据实际需要做进一步处理,如"匹配处理""类型变换"等,以使研究目标更加突出。

3.2.3　遥感技术在环境领域中的应用

由于遥感信息的独特优势,遥感技术广泛应用于水环境、大气环境、生态环境等多个领域。

1. 水环境应用

遥感技术具有大范围、长时间、实时动态、方便高效地获取地面信息的优势,因此快速、准确地从卫星遥感影像中提取水环境信息已经成为水资源调查、水资源宏观监测及湿地保护的重要手段。遥感技术可以提取到的水环境信息主要包括水量参数、水质参数和污染源信息等。

(1)水量参数。

①水面体积。

利用水体在不同波段的光谱特征,通过目视解译法、监督分类法、植被指数模型法、决策树分类法等方法进行水体面积的提取。

②水深。

基于遥感卫星影像的水深探测应用已经非常广泛,其方法主要有波浪法、密度法、水体散射遥感测深模型。一方面,由于光波进入水体后受到水体内物质的散射和反射作用,使到达水底的光辐射量减少,这在一定程度上降低了辐射的强度;另一方面,光波传输受到水体中污染物的影响,所以水深遥感的精度还有待提高。目前测量的水深具有一定限度,通常为 30~40 厘米。

(2)水质参数。

①叶绿素浓度。

叶绿素浓度不仅能反映水中浮游生物和初级生产力的分布,其含量变化还是反映水体富营养化程度的一个指标。通过测定叶绿素 a 的浓度表明水体中藻类现存量来评价水体富营养化程度。叶绿素浓度遥感监测是应用最多的水质参数提取方法。

②悬浮物浓度。

水中的悬浮物质是颗粒直径约在 0.1~100 微米的微粒,肉眼可见,包括不溶于水中的无机物、有机物及泥沙、黏土、微生物等。悬浮物是造成水浑浊的主要原因。水中悬浮物含量是衡量水污染程度的指标之一。

③海水盐度。

海水盐度是海水中含盐量的一个标度。海水含盐量是海水的重要特性,它与温度和压力三者是研究海水的物理过程和化学过程的基本参数。海洋中发生的许多现象和过程常与盐度的分布和变化有关,因此海洋中盐度的分布及其变化规律的研究,在海洋科学中占有重要的地位。

④海水温度。

海水温度是表示海水热力状况的一个物理量,海水温度是海洋水文状况中最重要的因子之一。研究、掌握海水温度的时空分布及变化规律是海洋学的重要内容,对于海上捕捞、水产养殖,以及海上作战等都有重要意义,对环境、气象、航海和水声等学科也很重要。

⑤离水反射率。

太阳辐射在水体后,部分能量被水体中的悬浮物质、叶绿素和有色可溶性有机质等光学成分吸收并转化为热能而滞留在水体中,而另一部分则由水体光学成分散射而逃逸出水面,即离水反射率信号。水体表面离水反射率是研究水体光学特征的一个重要参数。水体污染会影响离水反射率的变化,因此通过获取离水反射率参数的数值,就可以了解水体污染的情况。

⑥有色可溶性有机质。

有色可溶性有机质又称为可溶性有机发色团,或者黏质胶性溶解物。它是水中溶解的有机物的一种光学上可测量的成分。遥感影像中不含或少含有色可溶性有机质的水显示出蓝色,随着含量的增长,水体颜色逐渐过渡到绿色、黄绿色和褐色。有色可溶性有机质对水环境中的生物活动有重要的影响。它可以减少水中透射的日光,影响光合作用,从而抑制浮游生物的生长,而浮游生物是海洋食物链和大气中氧的基础要素。尽管有色可溶性有机质的变化主要是自然过程的结果,但是人为活动,诸如伐木、农业、排污、湿地排灌等也会影响其在淡水和河口水系中的含量。

(3)污染源信息。

①判定水污染类型。

当污染发生后,生态环境会发生变化,在遥感影像上就能够体现出来。因此可以利用遥感影像的特征判断生态环境发生了什么样的变化,从而分析有什么类型的污染已经发生。遥感技术可以分析的水污染类型见表3.5。

表3.5　遥感技术可分析的水污染类型及特征

污染类型	生态环境变化	遥感影像特征
富营养化	浮游生物含量高	水体色调发生变异
悬浮泥沙	水体混浊	水体色调发生变异
石油污染	油膜覆盖水面	在紫外、可见光、近红外图像上呈浅色调,在热红外图像上呈深色调
废水污染	水色水质发生变化	影像上的水体色调发生改变,混合废水在彩色红外图像上呈黑色
热污染	水温升高	热红外图像上呈现白色或白色羽毛状
固体漂浮物		图像上均有漂浮物的形态

例如赤潮是水体富营养化的一种表现,通过观察遥感影像特征就可以分析判断水体赤潮的情况。赤潮除了水体变红以外,还可以变成其他颜色,如褐色、绿色等。大范围的水体赤潮和小面积的赤潮现象都可以通过遥感影像观测出来。

②确定污染源位置及排放情况。

当需要对污染进行深入研究时,可以根据遥感影像提取相应的数据进行分析。例如石油污染或者废水污染,应该是污染源造成的,所以通过遥感影像数据分析,可找到发生异常的区域,判断羽流区域。羽流区是指一种流体在另一种流体中移动,即这个区域内有可能有污染物注入河流中,这样可以进一步确定陆地上排放污水的工厂或其他污染源的位置在哪里,从而提醒当地政府对其进行治理。

随着遥感影像越来越清晰,可利用遥感技术监测固定污染源信息,例如在遥感影像上能清楚地看到工厂排放的烟尘;利用具有热红外波段、覆盖范围广的气象卫星数据可以监测全国的秸秆焚烧点。黑龙江省曾饱受秸秆焚烧问题的困扰,自 2019 年 9 月起,黑龙江省生态环境厅持续开展秸秆露天焚烧督查巡查,并启动了生态环境部卫星遥感监测,全天候监控各地热异常点。

2. 大气环境应用

大气气溶胶通常指悬浮于大气中直径小于 10 微米的大气污染物。大气气溶胶对全球气候、大气能见度以及人体健康都有重要的影响。大气气溶胶浓度是评价大气污染程度的一个重要指标,因此利用遥感技术对大气气溶胶进行监测具有重要的意义。

在表征大气气溶胶特征的参数中,气溶胶光学厚度(AOD)是其中最重要的物理量之一,它是推算气溶胶含量、表征大气浑浊度、评价大气环境污染程度的一个重要因子。用遥感技术获取 AOD 数据,用其对大气气溶胶含量进行反演,是一种大范围获取大气气溶胶时空数据的最佳方法,但有时存在误差,需要用地面太阳光度计观测法进行对比和校正。通常光学厚度值越大,表明气溶胶含量越高,污染越严重。

3. 生态环境应用

(1)污染区域植被病变的监测。

由于水域受到污染,导致附近的植被的光谱特征表现出与正常健康植被不同的变化(图 3.29),通过遥感技术可以对污染水域周围的植被进行监测。

(2)草地资源的监测。

①草地面积的监测。

利用遥感技术获取草地面积信息的过程如下:利用遥感技术获得遥感影像;利用计算机自动分类提取草地信息;利用某种方式对草地信息进行修正;修正的结果利用 GIS 数据可视化显示功能,显示草地分布图;获取草地面积的属性信息。

②草地生长状况监测。

利用定量遥感反演草地生长期植被指数(NDVI),进而监测草地生长状况。该指数随生物量的增加而迅速增大,NDVI 越大,表明草地生长越旺盛。根据 NDVI 指数绘制的 GIS 地图,可以观察草地生长状况的空间分布。

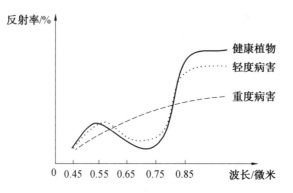

图 3.29　污染水域周围植被的遥感光谱特征

③草地动态信息监测。

草地动态信息监测包括草地退化监测和草地类型变化监测。

根据不同区域草地覆盖率的不同,将草地覆盖类型分为三种:高覆盖、中覆盖和低覆盖。草地退化监测是指通过监测草地覆盖率在不同时间的变化,来监测草地退化情况;草地类型变化监测指监测草地与其他类型用地相互转化的情况。除了草地,土地其他类型包括:耕地、林地、水域、建筑用地、未利用地。

4. 利用遥感技术实现环境监察实例

遥感技术在环保领域已经开始广泛应用,除了前面介绍的环境监测领域,在环境监察领域也发挥了重要的作用。生态环境部门利用卫星遥感和无人机航拍进行环境监察执法,可以收取大量企业环境违法信息。

河北省生态环境厅利用遥感技术进行环境监察,首先组织环境卫星应用中心利用遥感卫星图片确定重点地区;然后采用无人机航拍方式对大气污染企业实时拍照取证和录像取证,获取的图片地面分辨率最高可达 0.04 米。无人机从吉普车上起飞(图 3.30),监测人员对无人机进行远程操控,高分辨率的航拍图片和录像将一些企业的偷排情况真实地记录下来。

图 3.30　环境监察的无人机

5. 植被覆盖度信息获取实例

遥感影像可以提取许多与环境有关的数据,如归一化植被指数(NDVI)、植被覆盖度、水面温度、水体叶绿素浓度、水体悬浮物浓度等。植被覆盖度是衡量地表植被状况的一个重要指标,是描述生态系统的重要基础数据,也是区域生态系统环境变化的重要指示,对水文、生态、区域变化等都具有重要意义。下面介绍利用遥感影像提取植被覆盖度数据实例,提取过程共需要以下几个步骤。

(1)图像校正。

由于遥感影像在成像过程中受各种因素影响,可能会导致失真,图像校正是指对失真图像进行的复原性处理。为了体现地物真实光谱反射率,本例对获取的遥感影像进行图像校正,包括几何校正、辐射定标和大气校正。具体过程如下:

①打开要处理的文件:使用遥感影像专业处理软件 ENVI5.1 打开松花江流域某 Landsat8 图像(可从地理空间数据云、USGC 等网站获取)的头文件 MTL.txt,并选择 7 波段光谱。

②对图像进行几何校正:校正图像在成像过程中产生的几何畸变,确保从遥感图像上获取到的光谱信息的准确性,降低因遥感数据质量问题对计算植被覆盖度精度的影响。使用 ENVI5.1 软件中的 Geometric Correction 工具,通过借助一组控制点和校正模型校正图像地理坐标非系统因素产生的误差。

③对图像进行辐射定标:目的是将遥感卫星波段反射率的 DN 值转化为大气顶层的表观辐射亮度或反射率数据,减弱传感器获取原始 DN 值与辐射亮度值之间的误差。在 Radiometric Calibration 工具中修改格式位 BIL 和定标类型(Calibration Type)为辐射率数据,应用 FLAASH 设置,保存辐射定标后的图像。

④对图像进行大气校正:目的是减少地物成像过程中受到大气散射、吸收、折射的影响,消除大气中水蒸气、氧气、二氧化碳、甲烷和臭氧等物质对地物反射的影响,消除大气分子和气溶胶散射的影响,获取地物真实反射率数据。使用 FLAASH 模块,对已经通过辐射定标的遥感影像再做大气校正处理。

(2)计算归一化植被指数(NDVI)。

归一化植被指数(NDVI)是反映土地覆盖植被状况的一种遥感指标,可以通过 NDVI 计算植被覆盖度。NDVI 定义为近红外波段与红光波段的反射率之差比上二者之和为

$$NDVI = (NIR-R)/(NIR+R) \tag{3.3}$$

其中,NIR 为近红外波段的反射率,R 为红外波段的反射率。NDVI 取值范围在 $-1 \sim 1$。道路建筑接近 0,水体等为负值,植被为正值。对校正后图像使用 BandMath 工具录入公式(3.3)计算 NDVI 数值,图像如图 3.31 所示。

(3)计算植被覆盖度图像。

植被覆盖度(Fractional Vegetation Cover,FVC)指植被(包括叶、茎、枝)在地面的垂直投影面积占统计区总面积的百分比,是反映地表植被覆盖状况和生态环境的重要指标。本例使用像元二分模型计算植被覆盖度,公式为

$$FVC = (NDVI-NDVIsoil)/(NDVIveg-NDVIsoil) \tag{3.4}$$

其中,NDVIsoil 是置信区间范围内 NDVI 的最小值,NDVIveg 是置信区间范围内 NDVI 的

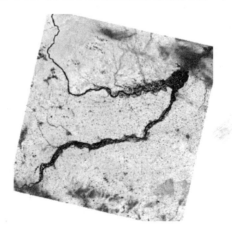

图 3.31 NDVI 图像

最大值。

计算置信区间范围内 NDVI 最小值(NDVIsoil)和最大值(NDVIveg),利用 Compute Statistics 工具,根据水体 NDVI 值分布累计百分比,确定图像 NDVI 值置信区间。

手动去除 NDVI 异常值,对于置信区间范围外的 NDVI 值,不使用公式(3.4)计算植被覆盖度。如果 NDVI 值小于 NDVIsoil,像元的植被覆盖度取 0;如果大于 NDVIveg,则像元的植被覆盖度取 1。

仍使用 BandMath 计算获取植被覆盖度图像,使用 ArcGIS 软件对图像植被覆盖度分类得到结果如图 3.32 所示。

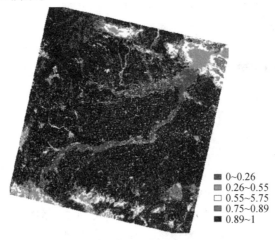

- 0~0.26
- 0.26~0.55
- 0.55~5.75
- 0.75~0.89
- 0.89~1

图 3.32 植被覆盖度图像

(4)结果分析。

植被覆盖度 FVC 值范围在 0~1,一般水体植被覆盖度接近 0,低植被覆盖度区域在 0.5 左右,高植被区域 0.8 以上。上例植被覆盖度统计结果表明:流域植被覆盖度接近 0,陆地大部分区域植被覆盖度为 0.8 左右,表明该流域周围植被覆盖度较高,生态环境较好。

3.3　全球定位系统技术

GPS(全球定位系统)也是一种获得时空数据的重要方式,它主要获得的是定位和导航数据。

3.3.1　GPS 技术概述

1. GPS 定义

GPS 是美国从 20 世纪 70 年代开始研制,历时 20 年,耗资 200 亿美元,于 1994 年全面建成,具有在海、陆、空进行全方位实时三维导航与定位能力的新一代卫星导航与定位系统。

全球定位系统的导航和定位在概念上有所不同。所谓定位是指运动载体,如汽车上安装 GPS 信号接收机,然后实地测出接收天线所在的位置,这称为 GPS 定位,也称为 GPS 动态定位。"动态"是指定位是极短的时间内完成的。如果接收机在测得运动载体实时位置的同时,还测得运动载体的速度、时间和方位等状态参数,进而可"引导"运动载体驰向预定的目标位置,这称为导航。由此可知,导航是一种广义的动态定位。

2. GPS 的发展

(1)无线电导航系统。

无线电导航系统是利用无线电技术对飞机、船舶或其他运动载体进行导航和定位的系统。最早的远程导航与定位主要用无线电导航系统,比较出名的无线电导航系统有罗兰-C 导航系统、欧米茄导航系统和多普勒导航系统。

较早的无线电导航系统、导航台一般都设在地面,有多个,个数越多结果越准确,该方式通过多个导航台测角和测距确定物体的位置,数据用无线电(电磁波)进行传输。因此无线电导航系统的缺点是覆盖区域小、电波传播受大气影响、定位精度不高等,这些促进了卫星定位系统的快速发展。

(2)卫星定位系统。

最早的卫星定位系统是美国于 1958 年研制,1964 年正式投入使用的子午仪系统(Transit),由于 Transit 系统卫星数目较少(5~6 颗),运行高度较低(平均 1 000 千米),从地面站观测到卫星的时间间隔较长(平均 1.5 小时),因而无法提供连续的实时三维导航。

(3)GPS 系统的发展。

随着对连续的实时三维导航需求的不断增强和技术的不断发展,GPS 系统逐步建立起来,它的发展经历了三个阶段:

第一阶段为 1973—1979 年的方案论证和初步设计阶段,共发射了 4 颗试验卫星,研制地面接收机及建立地面跟踪网。

第二阶段为 1979—1984 年全面研制和试验阶段,陆续发射 7 颗试验卫星,研制各种用途的接收机。

第三阶段为使用组网阶段,1989 年 2 月 4 日第一颗 GPS 工作卫星发射成功,表明 GPS 系统进入工程建设阶段,1993 年底实用的 GPS 网已经建成。

GPS 是建立在无线电定位系统、导航系统和定时系统基础上的空间导航系统。它以距离为基本观测量,通过同时对多颗卫星进行伪距离测量来计算接收机的位置。由于测距是在极短的时间内完成的,故可实现动态测量。

3. GPS 的组成

整个 GPS 系统由空间部分、地面控制部分和用户设备三大部分组成(图 3.33)。

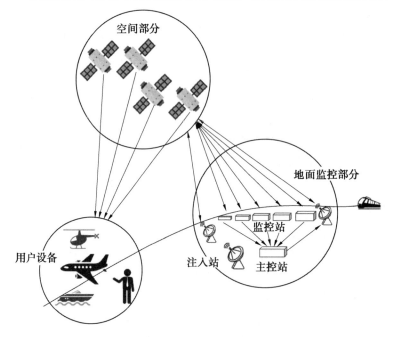

图 3.33　GPS 系统的主要组成

(1)空间部分。

空间部分即 GPS 卫星星座部分,由 21 颗 GPS 卫星和 3 颗备份星组成,24 颗卫星均匀分布在 6 个轨道平面内。这些卫星在距地面约 20 200 千米的准同步轨道上绕地球运行,运行周期为 11 小时 58 分钟。每颗卫星会不间断地发出自己所处的位置及时间等信号,地球上的任何一个地方至少都能同时看到 4 颗 GPS 卫星。因此,在地球上的任何地点、任何时间都可以通过接收机同时收到来自 4 颗卫星的信号,这 4 颗卫星称为定位星座。

GPS 定位需要 4 颗卫星是因为不同的卫星在 GPS 测量中负责不同的工作,3 颗是测量以 WGS-84 作为标准的三维坐标,本来三维数据已足够定位,但是由于卫星传播的工具是用电磁波,而不是光,电磁波经过传播会产生误差,导致传播时间的不同步,而为了使传播数据同步,所以多引入一颗卫星来提供时间数据。因此 GPS 空间部分设计需满足以下要求:同时位于地平线上的卫星数目最少为 4 颗,最多为 11 颗。这样的空间配置可保证在地球上任何时间、任何地点至少同时观测 4 颗卫星,它们在观测过程中的几何位置分布,对定位精度有一定的影响。

（2）地面监控部分。

GPS 的地面监控部分由 5 个监控站、3 个注入站和 1 个主控站组成。监控站是数据自动采集中心，它主要为主控站提供各种观测数据。主控站是系统管理和数据处理的中心，其主要任务是用监控站和本站提供的观测数据计算卫星的星历、卫星钟差和大气延迟修正参数，提供全球定位系统时间基准，并将这些数据传到注入站，调整卫星运行轨道，启动备用卫星等。注入站将主控站推算出的卫星星历、钟差、导航电文等控制指令注入相应的存储系统，并监测注入信息的正确性。卫星星历是描述太空飞行体位置和速度的表达式，用于计算准确的时间。

地面监控部分的主要作用是：①跟踪观测 GPS 卫星，计算编制卫星星历，保持精确的GPS 时间系统；②监测和控制卫星的"健康"状况；③向卫星注入导航电文和控制指令。

（3）用户设备。

用户设备包括各种 GPS 接收机、GPS 数据处理软件、计算机及其终端设备。GPS 接收机用于接收卫星信号，获取定位和导航数据。利用计算机及 GPS 数据处理软件对获取到的数据进行处理和分析，分析结果可以直接使用或利用计算机终端设备导出。这些用户设备可以安装在汽车、飞机、轮船等交通工具上，帮助使用者进行导航和定位。

4. GPS 的工作原理

GPS 导航定位最基本的任务是确定实体在空间中的位置——定位，随之可求得瞬时速度、加速度、时间等参量，进而实现导航。

GPS 定位的基本原理：测量出已知位置的卫星到用户接收机之间的距离，然后综合多颗卫星的数据就可知道接收机的具体位置；卫星的位置可以根据星载时钟所记录的时间在卫星星历中查出。而用户到卫星的距离则通过记录卫星信号传播到用户所经历的时间，再将其乘以光速得到，从而求出接收机的具体位置；如果接收机能够得到 4 颗 GPS 卫星的信号，就可以进行定位，当接收到的信号的卫星数目多于 4 颗时，可以优选 4 颗卫星计算位置。

5. GPS 的特点及应用

GPS 有以下特点：

（1）GPS 空间站、地面站的设计合理，24 颗卫星合理分布，卫星轨道高达 20 200 千米，使得全世界每个点都可以覆盖到，因此可实现全球覆盖连续导航定位。

（2）定位数据很准确，可以实现高精度三维定位。

（3）卫星信号传输速度快，可以实现实时导航定位。

（4）GPS 采用被动式全天候导航定位，即用户设备只需接收 GPS 信号就可进行导航定位，不许用户发射任何信号。这种被动式导航定位称为无源定位导航，它的特点是隐蔽性好，可容纳大量用户。

（5）GPS 采用数字通信的特殊编码技术——伪噪声码技术，具有良好的抗干扰性和保密性。

GPS 不仅用于导弹、飞船的导航定位，还可以广泛应用于飞机、汽车、船舶的导航定位。公安、银行、医疗、消防等用它建立监控、报警、救援系统。企业用它建立现代物流管理系统。农业、林业、资源调查、物理勘探、电信等都离不开导航定位。随着卫星导航接收机的集成微型化,卫星导航技术从专业应用走向大众应用。

3.3.2　GPS 在环境领域中的应用

1. GPS 在环境管理中的应用

GPS 在环境管理中的应用主要是通过与地理信息系统技术(GIS)、遥感技术(RS)相结合发挥作用。随着经济的发展,生态环境部门要从日益繁重的档案管理、人工统计、手工制表制图等工作中摆脱出来,需要有先进的信息管理技术,将基础的调查数据、地理要素、专业图件和科学试验数据有效地管理起来,为统计分析、自动制图和档案更新服务。环境管理信息系统从现代管理的需要出发,是以计算机、GIS 和数据库管理系统为工具,面向环境管理和科研工作,运用软件工程方法开发的计算机系统,实用性、针对性和自主开发是该系统的主要特点。

刘秀云、徐少立等在遥感解释的基础上,利用 GPS 对流域内的污染源、排污口、饮用水源地、主支流交汇处、监测断面和生态示范区等进行地理定位。利用 GPS 对流域内的污染源、排污口等进行地理定位,不仅可以准确绘制分布图,还是建立 GIS 系统和采集空间数据不可缺少的手段。国家和地方各级生态环境部门都需要大量的环境数据报表,而GPS 技术与 GIS 技术相结合能对各种环境资源,如生物资源、大气质量、水资源、土地资源、污染物排放范围等进行实时监测、更新,有效地进行环境统计分析,并可辅助进行环境规划、土地利用规划、总体发展规划等活动,例如可在地图上标出濒临灭绝物种的保护范围;可以把重点污染源的地理位置、污染种类、污染负荷、对该地区的影响以及对区域环境的贡献度清晰地反映出来;还可利用专家知识和专业模型对污染物总量控制以及削减分配方案进行辅助设计。GPS 的精确定位功能与 GIS 的结合可以很好地实现环境的精细化管理,提高环境管理的水平。GPS 的导航功能可以实现研究要素行走路径的最优化管理,如垃圾车行走路线的优化问题。

2. GPS 在环境监测中的应用

GPS 在环境监测中的应用主要包括对大气、水文水质、城市环境噪声等监测站点布设以及定位监测。

李观义、肖坚等在我国与意大利科技合作研究项目中利用 GPS 监测大气水汽,进行实时降雨预报,在北江的滨江流域建立试验研究应用基地,利用意大利提供的 5 套 GPS设备、数据处理和降雨预报技术,建立由石潭、石坎、沙河、珠坑和清远 5 个站组成的 GPS数据采集通信网络,进而开发滨江流域的 GPS 降雨预报系统。

城市区域环境噪声监测布点是以作图方式将待测区划分成等距离网格(大于 100个),监测时参照布点图提供的标志物选择各网格中心作为测点实施定点监测,但在标志物不甚明确或变动的情况下,给监测点的确定带来不便,定点随意性较大。陆上岭、叶青等将 GPS 技术应用于城市环境噪声布点和监测工作中,使现场定点迅速、准确,确保了数据的可比性和可靠性。

传统水文测验方法中测点位置的定位是利用六分仪观测辐射杆来完成的。天气状况对水文数据测量的影响很大,以前夜间测流时采取的是原始而落后的指示定位方法,测船定位不可避免地存在误差,很难测到真正的洪峰,遇上恶劣的天气,根本无法进行夜间测流。由于水文测报和河道观测的主要特点是水上作业,仲跻文、李树明等运用 GPS 静态定位技术能够快速进行河道的控制测量,动态定位方式与计算机辅助设计系统相结合进行水文和河道数据采集,具有速度快、精度高等特点。

水环境自动监测系统以数据库、计算机通信网络为基础,采用自动化的监测设备,将 GPS 技术与地理信息系统技术(GIS)和遥感技术(RS)相结合,实现水环境要素的实时、多维、多源、高效高精度的在线监测,包括监测信息的获取、存储、分析、管理、表达和评价。可以对水的浑浊度、pH 酸碱度、含盐度等做定量监测,结合 GPS 对大面积污染的位置做定性监测,也可监测地面沉降问题。大气自动监测系统也可应用上述技术实现空气质量等各大气参数的定位监测。

将 3S 技术即 GIS 技术、RS 技术和 GPS 技术一体化应用到环境监测中,对其科学性、空间性、动态性诸方面将带来深刻的影响。3S 技术的应用将有效提高环境监测现代化水平。环境监测信息的明显特征就是具有空间性,每个污染源、采样点均具有特定的地理位置,环境监测的基本任务就是解决测什么、怎样测、在哪里测的问题。这方面,GIS 空间信息管理的综合分析能力、遥感技术的空间动态监测能力及 GPS 的高精度定位能力,均为环境监测工作上一个新台阶奠定了技术基础。

3. GPS 在环境事故应急处理中的应用

对于重大环境事件,生态环境部门要具有应急反应能力,并能针对事件的特性做出迅速反应和决策。例如有毒化学物质爆炸和泄露、水质污染、油船泄露等,这些应急事件发生突然,能在短时间内对环境造成重大污染,严重危害人民群众身体健康,需要及时正确地进行处理。它要求生态环境部门能在事故发生后根据污染物的不同立即提出处理意见和各种防护措施,并能为高层领导迅速正确决策和指挥提供依据和条件。而生态环境部门传统的人工经验和现有的常规手段很难实现迅速、准确、动态的监测和预报,也难以快速而准确地提出处理意见和减灾决策。采用 GPS 能快速探测到事故发生的位置,并将有关信息迅速输入 GIS 系统,由 GIS 准确显示出发生地及其附近的地理图形,如饮用水源地及其取水口、危险品仓库、有毒有害物质处理场、行政区划、人口分布、地下管线状况等。

在环保专用车辆上安装 GRS 车载终端后,当专用车出现故障或发生事故后,将信息传递给调度中心或 GPS 监控中心。计算机通过 GIS 将事故车和救援车的实时位置显示在电子地图上,通过 GPS 定位和监控管理系统可以对遇有险情或发生事故的车辆进行紧急援助。监控台的电子地图显示求助信息和报警目标,规划出最优援助方案,并以报警声光提醒乘务员进行应急。安装 GPS 后就可以将救援车和事故车的实时位置、速度等信息实时传送到调度中心,并可得到接近距离数据和报警信号提示等,使救援工作准确及时,并提高安全系数。

4. GPS 在湖泊、水库、河道的水下地形测量中的应用

GPS 在江河、湖泊、水库的水下地形测量工作已经得到了广泛的应用。GPS 与测深仪结合能及时准确地提供水下地貌信息。长江水利委员会水文局在洞庭湖区平面控制采用了 GPS 大地测量的方法,设计和布点方便灵活。水下测量采用 GPS 实时差分动态定位技术,对水下地形点进行平面定位,采用回声仪自动采集水深数据,与平面定位同步进行。传统的交会法和极坐标法在水下地形测量中只能测量离岸 2～3 千米,且效率低、精度差,利用经纬仪前方交会需 4～5 人,而且要打排头点,费时费力,工作强度很大。陈岸飞利用 GPS 技术对惠州 LNG 电厂(柏岗厂址)和深圳前湾电厂进行水下地形测量时,解决了近海范围内所有的测图定位工作,比传统的极坐标法、交会法等提高工效 3 倍以上,在技术和效率方面都提高了一大步。

巢湖是我国主要的几个淡水湖之一。由于多年来人们的环保意识不强,工业垃圾、工业污水、城乡生活污水和农业生产中的农药化肥残留物等稍做处理或根本未处理就直接排入湖中,致使水体严重污染、严重营养化。毛文轶在恢复重建巢湖水体生态系统工程采用 LEICA-530 型双频 GPS 的 RTK 作业模式实时定位导航。RTK 技术目前已经比较成熟,将 RTK-GPS 用于环保疏浚工程中,其拥有普通 GPS 导航定位的全部优点,方便施工管理;还因其水平、竖直的高精度、实时的特点,能大大提高作业效率、时间利用率、施工质量和经济效益,有效清除污染底泥,为重建水体生态提供可靠的技术支持和保证。

目前 GPS 技术在环境科学中的应用还有一些不完善和不健全的地方,但是随着计算机技术和环境科学的发展,未来的 GPS 技术将在环境保护领域得到更广泛的应用。

3.3.3　我国北斗卫星导航系统

北斗卫星导航系统(BDS)是我国自行研制的全球卫星导航系统,是继 GPS、GLONASS 之后第三个成熟的卫星导航系统。北斗卫星导航系统(BDS)和美国 GPS、俄罗斯 GLONASS、欧盟 GALILEO 是联合国卫星导航委员会已认定的供应商,被称为四大卫星导航系统。

我国北斗卫星导航系统可在全球范围内全天候、全天时为各类用户提供高精度、高可靠定位、导航、授时服务。授时指可提供精准的计时和时间。

1. 北斗卫星导航系统的组成

北斗卫星导航系统组成与 GPS 相似,也由空间端、地面端和用户端三部分组成,如图 3.34 所示。空间端包括若干静止轨道卫星、倾斜地球同步轨道卫星和中圆地球轨道卫星。地面端包括主控站、注入站和监测站等若干个地面站,功能基本同 GPS。用户端由北斗用户终端以及与其他卫星导航系统(GPS、GLONASS、GALILEO)兼容的终端组成。

2. 北斗系统建设历程

北斗系统的建设共经历了三个阶段:

第一阶段:建设北斗一号系统。1994 年,启动北斗一号系统工程建设;2000 年,发射 2 颗地球静止轨道卫星,建成系统并投入使用,采用有源定位体制,为我国用户提供定位、授时和短报文通信服务;2003 年发射第 3 颗地球静止轨道卫星,进一步增强系统性能。

第二阶段:建设北斗二号系统。2004 年,启动北斗二号系统工程建设;2012 年年底,完成 14 颗卫星发射组网。北斗二号系统在兼容北斗一号系统技术体制基础上,增加无源定位体制,为亚太地区用户提供定位、测速、授时和短报文通信服务。

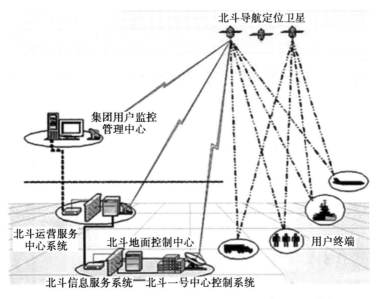

图 3.34　北斗卫星导航系统的主要组成(需要参照 GPS 修改)

第三阶段:建设北斗三号系统。2009 年,启动北斗三号系统建设;2018 年年底,完成 19 颗卫星发射组网,完成基本系统建设,向全球提供服务;2020 年年底前,完成 30 颗卫星发射组网,全面建成北斗三号系统。北斗三号系统继承北斗有源服务和无源服务两种技术体制,能够为全球用户提供基本导航(定位、测速、授时)、全球短报文通信、国际搜救服务,我国及周边地区用户还可享有区域短报文通信、星基增强、精密单点定位等服务。

3. 北斗卫星导航系统现状

2020 年 7 月 31 日上午 10 时 30 分,北斗三号全球卫星导航系统建成暨开通仪式在人民大会堂举行,中共中央总书记、国家主席、中央军委主席习近平宣布北斗三号全球卫星导航系统正式开通。

2035 年前,我国将建设完善更加泛在、更加融合、更加智能的综合时空体系,进一步提升时空信息服务能力,为人类走得更深更远做出中国贡献。

4. 北斗卫星导航系统优势

(1)它同时具备定位、导航与通信功能,不需要其他通信系统支持,而 GPS 只能定位和导航。

(2)它的精度与 GPS 相当,而在增强区域也就是亚太地区,甚至会超过 GPS。

(3)北斗系统可与其他卫星导航系统兼容,可同时接收北斗卫星信号和 GPS 等信号。

(4)北斗系统是我国自己研发的卫星导航系统,更为安全、可靠、稳定,保密性强,适合关键部门应用。

第4章 环境决策支持系统的核心组件

4.1 决策支持系统的体系结构与组成

决策支持系统(DSS)是一个由多种功能协调配合而成的,以支持决策过程为目标的集成系统。从内部结构上看,它有两种基本形式:一种是基于多库结构的,另一种是基于知识结构的。

4.1.1 基于多库的体系结构及组成

1.基于多库的体系结构

1980 年,Sprague 和 Carlson 提出了决策支持系统的三部件架构模型,典型的 DSS 即由数据库子系统(Data Subsystem)、模型子系统(Model Subsystem)和人机界面(User System Interface)三部分构成(图4.1)。该模型从宏观上明确了决策支持系统的基本结构及关键技术,并为后续研究广泛采用,但在功能上仅仅强调了数据与模型的集成,而没有考虑模型库的灵活性与适应性。

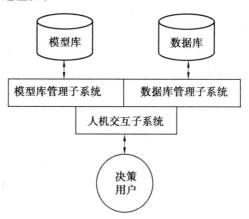

图4.1 DSS 三部件两库

1985 年,Dolk 为了提高模型库的灵活性,提出了模型库算法的独立性(Algorithm Independence)原则,将算法从模型库中独立出来构成方法库(或算法库),从而将 Sprague 的两库系统(数据库和模型库)扩展为三库系统(数据库、模型库和方法库)(图4.2)。早期的方法库基本上都是以函数库或子程序库的形式独立于模型库而存在。随着面向对象模型表示方法的出现,一些学者开始采用算法对象来表示算法,但对于不同类型的算法,研究均没有给出统一的算法类结构和模型调用算法;同时,无论是以函数(或子程序)还是以对象表示的算法,在其物理存储的基础上,都需要一个专门的算法字典来进行维护,对于没有在算法字典中注册的算法,模型管理系统不能够自动识别。

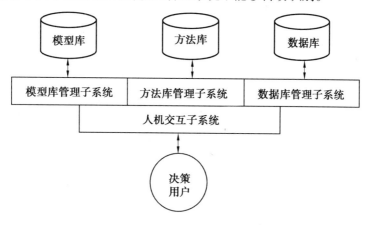

图 4.2　DSS 四部件三库结构

由于对象具有将静态数据和动态方法集成的封装特性,一些学者又将算法集成到模型对象之中,回归到 Sprague 的两库系统。尽管面向对象的方法能够解决早期两库系统中的一些问题,但模型库的灵活性仍然低于三库系统。

20 世纪 90 年代以后,在两库或三库系统的基础上,又有学者将 ES(Expert System,专家系统)与 DSS 结合,把知识库、数据仓库等引入 MD–DSS 的架构中(图 4.3),以期通过专家知识(Expert Knowledge)或领域知识(Domain Knowledge)来辅助或自动建模,但是在知识库与模型库的关系及其连接等方面,仍然有许多问题没有很好地解决。

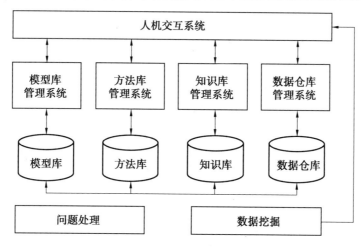

图 4.3　DSS 五部件四库结构

2. 基于多库的体系结构的组成

(1)数据库子系统。

信息是减少决策不确定因素的根本所在,管理者的决策活动离不开数据,因此,数据库子系统是 DSS 不可缺少的重要组成部分。这个数据库能适应管理者广阔的业务范围,对它不仅要求能提供企业的内部数据,而且应能提供企业的外部数据。数据库子系统包括数据库和数据库管理系统,其主要工作就是一系列复杂的数据转换过程。数据仓库有逐步引入 DSS 的趋势,尤其是一些大型的分析类 DSS 开始建立在数据仓库的基础上。

(2)模型库子系统。

模型是以某种形式反映客观事物本质属性,揭示其运动规律的描述。决策支持模型体现了管理者解决问题的途径,随着管理者对问题认识程度的变化,其使用的模型也必然会产生相应的变化。模型库子系统应能在不同的条件下,通过模型来实现对问题的动态描述,以便搜索或选择令人满意的解。

模型库子系统与对话子系统的交互作用,可使用户控制对模型的操作、处置和使用;它与数据库子系统交互作用,以便提供各种模型所需要的数据,实现模型输入、输出和中间结果存取自动化;它与方法库子系统交互作用,实行目标搜索、灵敏度分析和仿真运行自动化等。模型库系统的主要作用是通过人机交互语言使决策者能方便地利用模型库中各种模型支持决策,引导决策者应用建模语言和自己熟悉的专业语言建立、修改和运行模型。

(3)方法库子系统。

方法库子系统存储、管理、调用及维护 DSS 各部件要用到的各种方法,如通用算法、标准函数等。它包括方法库和方法库管理系统。在 DSS 中,通常是把决策过程中的常用方法,如基本的数学方法、统计方法、优化方法、预测方法、计划方法等,作为子程序存入方法库中。DSS 从数据库中选择数据,从方法库中选择算法,然后将数据和算法结合起来进行计算,并以直观清晰的方式输出结果,供决策者使用。方法库管理系统对标准方法进行维护和调用。

(4)知识库子系统。

知识是人们在解决相同问题时常用的做法、经验。知识库系统是一个能提供各种知识的表示方式,能够把知识存储于系统中并实现对知识方便灵活的调用和管理的程序系统。知识库系统具有知识获取和自动推理的机能。

(5)人机交互子系统。

人机交互子系统是决策支持系统的人机接口界面,它负责接受和检验用户的请求,协调数据库子系统、模型库子系统、方法库子系统和知识库子系统之间的通信,为决策者提供信息搜集、问题识别以及模型构造、使用、改进、分析和计算功能。人机交互子系统的好坏标志着 DSS 的使用水平。

(6)问题处理系统。

问题处理系统的主要功能是通过人机交互系统对用户提出的问题进行描述,调用数据库系统、模型库系统、方法库系统和知识库系统,对用户提出的问题进行求解,并通过人机交互系统返回给用户,提供辅助决策信息。

4.1.2 基于知识的体系结构及组成

1. 基于知识的体系结构

1981 年,Bonczed 提出了基于知识的体系结构,如图 4.4 所示。它由语言系统(LS)、问题处理系统(PPS)、知识库系统(KS)三部分构成,该结构也称为"三系统"结构。基于知识的框架将专家系统中的问题处理技术引入 DSS 的体系结构中,统一了知识的认识,将数据、模型、规则看成知识的不同表现形式,符合 DSS 智能化发展的趋势。

(1)语言子系统:用户与系统联系的工具,用户的问题需要通过语言子系统来描述。

(2)知识库子系统:DSS 解决用户问题的智囊,主要包括一个综合性知识库,其中存储的是有关问题领域的各种知识、数据、模型等。

(3)问题处理子系统:DSS 的核心部分,它完成系统的动态过程,即接收用户的问题,运用知识库子系统的知识,实现用户问题的求解。

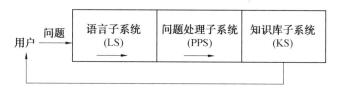

图 4.4　DSS 三系统结构

2.基于知识的体系结构的组成

(1)语言系统。

提供给决策者的所有语言能力的总和称为语言系统。决策系统利用语言系统的语句、命令、表达式等来描述决策问题,编制程序在计算机上运行,得出辅助决策信息。语言系统具有用自然语言描述决策问题的能力,把自然语言转化为机器能够理解的形式的能力,把机器对问题的解答或者内部的其他信息转化为自然语言的形式向用户输出的能力。

把自然语言用于 DSS 中,输入自然语言的决策问题描述,输出自然语言的决策支持信息,是人们的理想。但是自然语言处理技术仍未成熟,还有待人们进一步研究。

目前,计算机语言的支持能力有限。计算机语言分为四类:第一类是数值计算语言,如 Pascal、BASIC、C 等;第二类是数据库语言,如 FoxPro、Oracle 等;第三类是建模语言,如 ROSE、UML 等;第四类是智能语言,如 LISP、Prolog 等。决策支持系统需要一种集成的语言,用这种集成的语言来描述决策问题。

(2)知识库系统。

知识库系统包含问题领域中的大量事实和相关知识。这些知识包括过程知识、推理知识、精确知识、经验知识等。最基本的知识库系统由数据文件或数据库组成。更广泛的知识是对问题领域的规律性描述。这种描述用定量方式表示为数学模型,即用方程、方法等形式描述客观规律性,这种形式的知识称为过程知识。随着人工智能技术的发展,采用定性方式来描述问题领域内的规律性知识,一般表现为产生式规则。除了数理逻辑中的公式、微积分公式等精确知识外,还有经验性知识。它们是非精确知识,其应用有助于提高系统解决问题的能力。

(3)问题处理系统。

问题处理系统是针对实际问题提出问题处理的方法、途径,利用语言系统对问题进行形式化描述,给出问题求解过程,利用知识系统提供的知识进行实际问题求解,并最后得出问题的解答,产生辅助决策所需的信息和决策支持。

自然语言和计算机语言之间存在很大差别。自然语言处理是一个很复杂的过程,把语言存储机制和知识表示框架结合起来。这样自然语言处理包括的四个步骤:查字典、句法分析、语义理解和语义分析。前两个步骤可作为 LS 的基本任务,后两个步骤是 PPS 的任务。

4.2 环境决策支持系统的数据库系统

数据是环境决策支持系统研究的主要对象,数据都存放在数据库系统中,数据库系统主要由数据库及数据库管理系统组成。

4.2.1 数据库相关概念

1.数据库系统

数据库系统是采用数据库技术的计算机系统,是实现有组织地动态存储大量关联数据、方便多用户访问的系统。它一般由数据库、数据库管理系统(及其开发工具)、应用系统、数据库管理员和用户等计算机软件、硬件和数据资源构成。一般情况下把数据库系统简称为数据库,如图 4.5 所示。

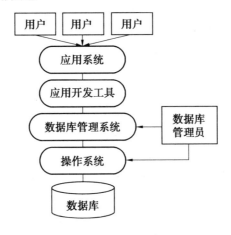

图 4.5　数据库系统

2.数据库

数据库是指长期存储在计算机内,有组织的、可共享的数据集合。数据库中的数据按照一定的数据模型组织、描述和存储,具有较小的冗余度、较高的数据独立性和易扩展性,并可为各种用户共享。

3.数据库管理系统

数据库管理系统(DBMS)是介于用户与操作系统之间的一层数据管理软件,为用户或应用程序提供访问数据库的方法,包括数据库的建立、查询、更新及各种数据控制。

数据库管理系统的主要功能如下:

(1)数据定义功能。

DBMS 提供数据定义语言(DDL),用户通过 DDL 可以方便地对数据库中的数据对象进行定义。数据定义包括定义构成数据库结构的模式、存储模式和外模式,定义各个外模式与模式之间的映射,定义模式与存储模式之间的映射,定义有关的约束条件。

(2)数据操纵功能。

DBMS 提供数据操纵语言(DML),用户可以使用 DML 操纵数据实现对数据库的基本操作,如查询、插入、删除和修改等。

(3)数据库的运行管理。

数据库在建立、运用和维护时所有访问数据库的操作都由数据库管理系统统一管理、控制,以保证数据的安全性、完整性、多用户对数据的并发使用及发生故障后的系统恢复。

(4)数据库的建立和维护功能。

DBMS 负责分门别类地组织、存储和管理数据,确定以何种文件结构和存取方式物理地组织数据,如何转换、恢复数据,如何实现数据之间的联系,以便提高存储空间利用率以及提高各种操作的时间效率。

除此之外,DBMS 还提供数据库与其他软件系统的接口功能。

4.2.2　数据库系统的结构

数据库系统的结构从数据库管理系统角度分为外模式、模式和内模式的三级模式结构。这是人们为了数据库能够有效地组织、管理数据,提高数据库的逻辑独立性和物理独立性而为其设计的一个严谨的体系结构。

数据库系统划分为三级:面向用户或应用程序员的用户级、面向建立和维护数据库人员的概念级以及面向系统程序员的物理级。不同级别的划分是由于不同级别的用户观察、认识和理解数据的范围、角度和方法不同,在用户眼中"看到"不同的数据库,即形成不同的视图。用户级对应外模式,概念级对应模式,物理级对应内模式。数据库的三级模式结构如图 4.6 所示。

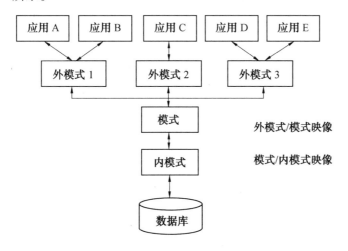

图 4.6　数据库的三级模式

(1)模式。

模式又称概念模式或逻辑模式,对应于概念级。它是以某一种数据模型为基础,统一综合地考虑所有用户的数据需求,将这些需求有机地结合成一个逻辑整体,按照统一的观点构造成全局逻辑结构,成为数据库中全部数据的逻辑结构和特征的总体描述,是所有用户的公共数据视图(全局视图)。一个数据库只有一个模式。它是数据库系统模式结构的中间层,既不涉及数据的物理存储细节和硬件环境,也与具体的应用程序和所使用的应用开发工具及高级程序设计语言无关。数据库管理系统提供数据模式描述语言(DDL)严格地定义模式。

(2)外模式。

外模式又称子模式或用户模式,对应于用户级。它是数据库用户能够看见和使用的局部数据的逻辑结构和特征的描述,是数据库用户的数据视图,是与某一应用有关的数据的逻辑表示。外模式是从模式导出的一个子集,包含模式中允许特定用户使用的那部分数据,一个数据库可以有多个外模式。外模式是用来和应用程序打交道的,它可以根据用户对需求、看待数据的方式、数据保密等不同的要求采用不同的描述方式。而且外模式可以为某一用户的多个应用系统所使用,但一个应用程序只能使用一个外模式。这样,外模式可以保证数据库的安全性。每个用户只能看见和访问所对应的外模式中的数据,数据库中的其余数据对他们是不可见的。数据库管理系统提供子模式描述语言(DDL)严格地定义外模式。

(3)内模式。

内模式又称存储模式,对应于物理级。一个数据库只有一个内模式。它是数据库中全体数据的内部表示方式或底层描述,是数据在存储介质上的存储方式和物理结构的描述,对应实际存储在外存储介质上的数据库。

在一个数据库系统中,只有唯一的数据库,因而定义、描述数据库存储结构的内模式和定义、描述数据库逻辑结构的模式也是唯一的,但建立在数据库系统之上的应用则是非常广泛、多样的,所以对应的外模式不是唯一的,也不可能是唯一的。内模式由内模式描述语言(DDL)严格地定义。

(4)三级模式间的映射。

数据库的三级模式是数据库在三个级别上的抽象,目的是把数据的具体组织留给数据库管理系统,而使用户能够逻辑地、抽象地处理数据而不必关心数据在计算机中的具体表示方式与存储方式。实际上,客观存在的物理级数据库是进行数据库操作的基础;概念级数据库是物理数据库的一种逻辑的、抽象的描述,也就是模式;用户级数据库则是用户与数据库的接口,它是概念级数据库的一个子集,即外模式。

为了能够在内部实现数据库的三个抽象层次的联系和转换,数据库管理系统在这三级模式之间提供了两层映像,分别是外模式/模式映像和模式/内模式映像。通过这两层映像可以保证数据的逻辑独立性和物理独立性。

外模式/模式映像是建立于某个外模式与模式间的对应关系,将外模式与模式联系起来,当模式发生改变时,数据库管理员只改变该映射,使外模式保持不变,对应的应用程序也可保持不变,保证了数据与程序的逻辑独立性,简称数据的逻辑独立性。

模式/内模式映像是建立在数据的逻辑结构(模式)与存储结构(内模式)间的对应关系,当数据的存储结构发生变化时,由数据库管理员对模式/内模式映射做相应改变,保持模式不变,应用程序也可以保持不变,保证了数据与程序的物理独立性,简称数据的物理独立性。

数据库的二级映像保证了数据库外模式的稳定性,从而从底层保证了应用程序的稳定性。

4.2.3 数据库系统的特点

1.数据结构化

在数据库系统中,数据面向全组织,具有整体的结构化。通过采用变长记录或主记录与详细记录相结合的形式建立文件,节省了存储空间,并保证了存储的灵活性。

2.数据共享性高

数据库系统存储的数据是面向整个系统的,不再是面向某个应用程序,数据可以被多个用户、多个应用共享使用。数据的共享可以减少数据的重复存储,减少数据冗余,节约存储空间。

3.数据独立性高

数据库管理系统提供的二级映像功能保证了数据的物理独立性和逻辑独立性,即用户的应用程序与存储在磁盘上的数据库中的数据相互独立,用户的应用程序与数据库的逻辑结构相互独立。

4.数据由数据库管理系统统一管理和控制

通过 DBMS 对数据库建立、运用和维护过程中进行统一管理和控制,包括安全性控制、完整性控制、并发控制、故障的发现和恢复,保护数据以防止不合法的使用造成的数据泄密和破坏,保证数据的正确性、有效性、相容性,防止用户之间的不正常交互作用,并可及时发现故障和修复故障,将数据从错误状态恢复到某一已知的正确状态,从而防止数据被破坏,确保了数据的安全性和可靠性。

4.2.4 数据库在决策支持系统中的作用

1.查询功能

(1)数据库查询。

数据库查询是数据库中最基本、最常用的操作,也是辅助决策的基本手段。一般的数据库查询功能(如数据库列查询、条件查询和组合查询等)由数据库管理系统提供。更复杂的查询功能需要开发者编制相应的查询程序来完成。

①数据库列查询。

选择数据库中的全部列或部分列的操作称为投影操作。按列查询包括以下几类:

a.查询指定的列,如查询全体学生的籍贯。

b.查询全部列,如查询全部学生的详细情况。

c.指定条件的查询,如查询"籍贯＝黑龙江"的学生。

②条件查询。

条件查询按指定的查询条件进行查询。查询条件包括:比较大小、指定范围、指定集合、字符匹配、空值和多重条件等。

a.比较大小的查询。利用关系符 =、<、≥、≤、≠ 等建立的条件进行查询。例如,查询所有年龄在 20 岁以下的学生姓名及其年龄和考试成绩不及格的学生姓名等。

b.指定范围的查询。查询属性值在(或不在)指定范围内的元组。例如,查询考试成绩为良好(80~89 分)的学生姓名。

c.指定集合的查询。查询属性值在指定集合的元组。例如,查询所有计算机系学生的姓名和性别。

d.字符匹配的查询。查询指定的属性值与字符串相匹配的元组。例如,查询所有姓赵的学生的姓名和性别。

e.涉及空值的查询。查询指定属性值是空值的元组。例如,查询英语课没有考试成绩的学生姓名。

f.多重条件查询。多重条件查询是用逻辑运算符 AND 和 OR 连接多个查询条件的查询。例如,查询计算机系年龄在 20 岁以下的学生姓名。

③组合查询。

组合查询是在多个属性中,对所需要的属性输入查询条件并进行多条件的任意组合的查询,这是一种功能更强的查询方式,也将给用户提供功能更强的辅助决策能力。例如,组合查询条件为:起止日期、水质功能区名称、水质监测站名称、污染物类别、水质达标情况等。用户可按需要任意选择项,分别输入条件后实现多条件组合查询。

完成这种查询需要根据用户选择条件生成组合查询语句并嵌入查询程序中完成组合查询工作。例如,查询 2021 年 1 月至 12 月内氨氮污染物浓度达标的水质监测站有哪些。

(2)数据项表达式查询。

在数据库中有一种特殊的查询任务,需要得到某些数据项进行数值计算(表达式计算)后的结果。

例如,在区域经济发展长期规划和年度计划的制订过程中,需要大量反映国民经济发展的指标,这些指标之间存在密切的联系。有些指标需要由其他指标(在数据项中)计算得出,并且计算方法多种多样。

这种对数据项表达式计算的查询不是查询语句所能够完成的,必须专门编制程序来完成这种特殊的查询。编制一个对不同形式的表达式的统一通用的识别和解释执行程序,需要利用编译技术,完成对该表达式的识别和解释执行(将表达式的中缀形式变换成表达式的后缀形式,即逆波兰式)。

将数据库中数据项之间的各种联系通称为数据项关系,表示运算关系的式子称为数据项表达式(以下简称项表达式)。

项表达式包含基本运算、函数、常数和变量,具体如下:

①基本运算符:+、−、×、↑(幂)。

②函数:$\ln(x)$,$\exp(x)$,$\sin(x)$,$\cos(x)$,$\max(x,y)$,$\min(x,y)$⋯

③常数:整数、实数。

④变量:变量代表某一指标,为了方便表达式计算时对指标的查找,变量用指标的编码来表示。

对所有项表达式的识别和解释执行,在计算机语言系统的编译系统中,具体过程是先对表达式进行词法分析,得出表达式的组成单词,再进行语法分析,将单词构成句子,生成表达式的目标语言。它可以是逆波兰式中间语言,或者是机器语言。该编译程序能识别和执行任何表达式的计算。

2. 数据是最基本的决策资源

数据是事物的数量表示,它反映了事物在量值方面的大小。用数据辅助决策要考虑如下几方面:

(1)数据归约。

数据归约是指在尽可能保持数据原貌的前提下,最大限度地精简数据量。数据规约的目的是得到能够与原始数据集近似等效甚至更好的挖掘结果,但数据量却较少的数据集。决策过程包括对大量数据的归约(抽象)。

(2)聚集值的数据细节。

决策者有时希望了解某些数据聚集值的数据细节,便于掌握更详细的情况。

(3)多重数据源。

决策所使用的数据不仅来自系统内部,也可能来自系统外部,决策越宏观,数据来源越复杂。

(4)历史数据。

决策者经常要根据历史数据的情况来决定未来的行动。预测模型往往需要很多历史数据,历史数据越多,对于预测的结果越有效。

(5)数据精度。

数据的准确性直接影响决策的效果。对决策来说,需要更高精度的数据。

统计分析是从不确定性中做出明智决策的一门技术。统计分析方法是建立在大量数据基础上的。没有大量数据也就无法进行统计分析。

管理科学/运筹学是与定量因素有关的管理问题,通过数学模型达到辅助决策的学科,数学模型必须对大量实际数据进行运算后,才能得出科学的结论信息。

统计分析方法与管理科学的模型是辅助决策的最典型的技术和手段。它们都是建立在大量数据基础上进行数值计算得出辅助决策信息的。

可见,数据是最基本的决策资源,统计分析方法与管理科学模型也是重要的决策资源。

3. 数据是模型组合的基础

每个数学模型都需要对大量数据进行加工,这些数据可以看成是模型的输入数据。数学模型的计算结果也是数据,但这些数据是更有价值的信息,它们是数学模型的输出数据。

对于一个较复杂的问题,靠单个模型是不够的,要多个模型组合起来共同辅助决策。模型之间的组合一般是通过数据来实现,即一个模型的输出数据是另一个模型的输入数据,或者一个模型的输出数据经过加工处理后成为另一个模型的输入数据。

例如,水质模型中的污染物降解系数(如氨氮降解系数 k)除根据专家知识人工给出外,还可以根据其他模型(贝叶斯模型)求出,此时该数据可看成是模型之间组合的基础。

4. 演绎数据库

演绎数据库的研究始于 20 世纪 70 年代中期,由 Minker 和 Gallai 等人首创。将人工智能中的演绎功能与关系数据库相结合而产生的一种新的数据库称为演绎数据库。

在传统的关系数据库中,用户所能检索的数据仅是实际存在于数据库中的数据。这些数据是传统数据库管理系统所操纵与管理的对象,也是传统数据库用户所使用的对象。

这些关系数据库中实际存在的数据一般称为实数据。从人工智能角度来看,数据库中每一条记录表示了一个事实,这样,可以认为一个关系数据库是由大量事实组成的。

演绎数据库是在现有的数据库中增加规则知识而形成的,它不仅包含事实,也包含规则。这样,规则通过演绎推理,能从已知关系数据库中的事实(实数据)推出一些新数据,这些新数据在数据库中是没有直接给出的,而是隐含在数据库中的。这些在现有数据库中不直接给出,而由演绎推理推出的新数据(隐含的数据)称为虚数据。演绎数据库中的数据是由实数据和虚数据两部分组成。可见,演绎数据库比传统数据库包含更多的数据,而演绎推理的功能能给用户提供种类繁多的虚数据。

4.2.5　环境决策支持系统数据库类型

随着大数据技术的引入,环境决策支持系统中的数据库存放的数据越来越复杂:数据规模越来越大、种类越来越多,包含结构化数据、半结构化数据和非结构化数据。对这样复杂的数据如何进行管理是数据库系统技术需要研究的内容。

通常环境决策支持系统中的数据是按照其结构特点进行分类存储和管理的,将众多复杂的数据归为两类:空间数据和属性数据,在此基础上分别建立空间数据库和属性数据库(图 4.7)。空间数据库通常存放非结构化数据,包括各种地图等图形、图像数据,反映了空间实体的位置、空间关系、拓扑结构等内容;属性数据库存放结构化的属性数据,如各种数字、字符、文本等,第 2 章介绍的时序数据也属于属性数据,属性数据通常用二维表进行存储,它们反映了空间实体的特征。对于半结构化数据可以通过一些方式转变为结构化数据或者非结构化数据,然后进行相应的入库存储和管理。

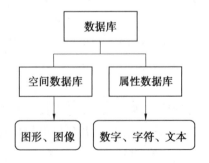

图 4.7　环境决策支持系统数据库类型

任何一个空间实体都具有位置、形状和属性特征,因此空间数据库中的数据与属性数据库中的数据并不是单独存在的,它们之间具有一定的相关性,在数据库管理中可通过空间数据库与属性数据库中的公共标识码实现二者的连接。在数据库系统中,对于空间数据库和属性数据库,虽然是分别建库,但也是进行统一管理和操作的。

4.3　环境决策支持系统的模型库系统

4.3.1　模型库相关概念

模型库系统包括模型库和模型库管理系统。它是决策支持系统的核心,是重要的部分,也是复杂的系统。

1. 模型

模型是人类认识自然、改造自然的强有力工具,几乎所有领域都在不约而同地应用模型来解决其领域的问题。模型的应用领域十分广泛,在不同的领域各有特点,而且其定义也不尽相同。一般认为,模型是对于现实世界的事物、现象、过程或系统的本质属性进行抽象和简化的描述,即模型反映了客观事物最本质的特征和量的规律,描述了现实世界中有显著影响的因素和相互关系。

现实世界的实际系统极其复杂,人们认识和研究现实世界不可能涵盖其所有因素和属性。建立模型就是为了根据系统的目的和要求,抓住其本质属性和因素,忽略非本质因素,揭示系统的功能、行为及其变化规律,准确描述系统但不将系统复杂化。

模型是整个系统的核心,是系统开发的关键。迅速建立合理、有效的模型,充分运用、组织和管理模型,是提高决策科学性和有效性的关键。因此,模型的表示、组织与管理是DSS 的首要关键技术,同时也是制约 DSS 发展和应用的瓶颈。从现状来看,模型的表示技术主要有实体关系表示、结构化模型表示、框架表示、一阶谓词逻辑、面向对象表示和XML(可扩展标记语言)表示等。模型的调度技术主要有类比推理、一阶谓词逻辑、遗传算法、机器学习、基于图形的模型合成、模型描述语言、Agent 技术(智能技术)等。其中模型的面向对象表示和 XML 表示技术以及模型的 Agent 调度技术具有较大的发展前景。

2. 模型库

模型库是按照一定组织结构将众多模型存储起来,并利用模型库管理系统对模型进行有效的管理和调用的计算机系统。它是决策支持系统中的核心部分,实际上模型库用来存储模型的代码由源码库、目标代码库两部分组成。在逻辑上模型库是各种模型的集合,但实际在软件内容上则由许多计算机内的程序模块组成。

从利用计算机开始研究使用模型以来,模型经历了模型程序、模型程序包和模型库三个阶段。相比于前两个阶段,模型库主要实现了程序和算法的分离。模型库中存储的模型与需要求解的问题无关,不是为某一目的或具体应用而建立的独立程序的集合,而以基本模块为存储单元,利用这些基本模块构造求解问题的模型或是支持一些频繁操作。因此,模型库具有动态性。总之,模型库的优点在于,它通过结构化的存储,实现了众多模型资源的共享和优化组合,避免了冗余,方便了管理操作。

3. 模型库管理系统

模型库管理系统(MBMS)是为操纵和管理模型库的计算机软件系统。用户可以通过模型库管理系统灵活地访问、更新、生成和运行模型,并进行模型的维护模型,保证模型库的安全性和完整性。

模型库管理系统不仅使决策者能方便地调用模型,而且通过对模型的组合管理增强了模型辅助决策的能力,拓宽了模型的使用范围;同时它还为决策者提供将现实问题抽象成模型的工具。可以说模型库管理系统是联系决策问题、数据与模型的桥梁。

模型库管理系统功能类似于数据库管理系统。数据库管理系统操作对象是数据,通过对数据的组织管理,减少数据冗余,实现数据共享。但模型库管理系统相对更加复杂,因为模型没有类似于数据的数据结构(关系、层次、网状和面向对象的数据结构),而且模型内包含许多不同参数、变量以及各种约束条件。模型的存储方式是程序文件和数据文件,也远比存储数据复杂得多。所以,在市场化方面,模型库管理系统不及数据库管理系统,还处在发展阶段。现在还未出现功能较强的 MBMS 软件包,只能由某些表格程序和基于财务计划的决策支持工具提供类似于 MBMS 的一些有限功能。

4.3.2 模型库的设计

1. 建立模型的准则

成功的模型不仅能够满足求解问题的某些基本需要或是反映某些客观情况,而且具有简单、易操作、容易被理解等突出的特点满足用户的需求。建模者在研制一个模型或选择一种方法之前,必须弄清楚模型要满足的基本要求,才能对模型进行正确的表达,模型才具有较强的支持决策的能力。

(1)模型的近似性。

模型虽然不能与现实完全符合,但是应该能够正确地、近似地反映客观现实,这决定了建模者建立的模型可有效地解决实际问题的能力。建模者应该尽量保持建模过程清晰,关注建模过程中的信息反馈,及时修正发生偏差的模型,保证其与客观现实的一致性。

(2)模型的简易性。

模型的价值主要在于它帮助管理人员进行决策的能力,虽然模型复杂会对决策的完善程度有所提高。但是复杂的模型不易被理解,操作步骤烦琐,甚至有时过多的因素反而会干扰决策的过程,模型不可能反映事物的所有属性。若模型过时需要更新,则需要修改的参数多而乱,修改方式不当可能会导致整个模型崩溃,模型的维护工作比较困难。建模者应该明确把握住问题的目标,权衡所得到的信息和价值,对客观现实的本质属性进行正确的抽象和简化,对于与目标无关的因素,要适当地抛弃或简化,既要达到模型能反映问题的目标,又要保证模型尽量简单。

(3)模型的动态性。

模型的动态性是指模型能够根据问题的变化和事物的发展随时更新和修改,而不是僵化的、一成不变的,导致更新模型的方式只能是建立新的模型。模型只有具备了动态性才能避免建模者的重复劳动,从而保证模型库的高效运行。

(4)模型的可操作性。

模型的可操作性主要涉及三个层面:一是模型要具备可操作的数据,有些模型理论上可行,但所需要的数据在实际上并不具备,运行时没有实际数据支持;二是要考虑模型运行时间的可操作性,有些问题虽然理论上可以得到解答,但是处理时间过长,不能在决策者所要求的时限内给出解答,失去了决策支持所要求的及时性;三是用户的可操作性,避免模型过于复杂,或者用户界面不友好,对操作人员的要求过高。

(5)模型的用户友好性。

建模者首先应该弄清楚谁将使用模型和如何使用它。建模者必须准确地确定决策人员实际需要的信息,建立的模型要能正确反映用户的需要。通常,可以让用户参与建模过程,将用户大量的知识收集转换成建立模型的信息以满足用户的需要。同时鼓励用户为模型组织信息输入,使用户对模型有所了解。根据用户的需要定制模型将决定模型操作的友好性。

2.建立模型的步骤

建立系统模型的过程称为模型化。模型化的手段和方法主要有两种:一是通过分析系统本身的运动规律,根据事物的运行机理来建模。二是通过处理系统的实验或统计数据,根据系统已有的知识和经验来建模。

建立模型的一般步骤如下:

(1)建模准备阶段。

了解问题的实际背景,弄清要解决的问题,明确建立模型的目的。通常在研究的开始阶段,对问题的理解往往不是很清楚,需要深入实际进行调查研究,收集与研究问题相关的信息、资料,掌握对象的各种信息,明确问题的背景和特征。然后借助计算机的推理功能整合搜集到的信息资料,分析达到决策目的的途径,及时发现分析过程中存在的问题和偏差并予以纠正,由此确定可能隶属的模型类型。

(2)建立阶段。

根据决策的目的对问题进行必要的简化,对搜集的信息进行筛选,确定系统的参数,提出适当的假设条件,确定模型的描述方式。若所解决问题为结构化问题,则采用定量描述,定量描述一般采用数学模型。若问题为半结构化或非结构化的问题,则采用推理的形式。建立模型参数以及它们之间的关系,利用推理系统检查模型参数的含义,确定能否利用已有的信息得到参数的数值。如果无法直接得到参数值,就需要人工干预。模型建立过程需要经过多次反复才能达到近似描述实际情况的能力。

(3)模型求解与分析阶段。

根据模型的类型,利用经验、知识、数学方程、定理证明、逻辑运算、计算机求解、推理、仿真等方法对模型进行求解,并对结果进行分析。

(4)模型检验与修改阶段。

对模型的求解结果进行分析、检验和评价。若结果与实际情况一致,检验得到模型是准确的、适用的、满意的,则转入下一步骤。如果不满意,就应该重新考虑维数、参数、约束条件等因素,修改模型,甚至建立生成新的模型,直至通过对模型求解结果分析,得到满意的模型为止。

（5）模型应用阶段。

若模型的检验结果能够令人满意,就能进入应用阶段。在模型的实际应用中,也需要根据实际情况的发展变化,不断更新模型以适应新的情况。

3.建模技术

在模型库设计过程中,需要考虑以下三个方面:建模、模型库与数据库的结合、人机对话系统与模型库的交互。人机对话系统、模型库与数据库之间的关系如图 4.8 所示。

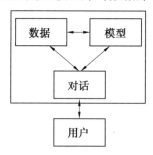

图 4.8　人机对话系统、模型库与数据库之间的关系

（1）建模。

为了建造专用的决策支持系统,系统设计人员要建立特定模型的集合。模型可以通过以下几种方式构建。

①建模语言。

建模语言是一种类似于程序设计语言的具有完整逻辑的人工建模语言,通过这种语言建模者可以方便地描述问题和模型构架,如模型定义语言。

②数据表示。

这种方法是将模型看作黑箱,通过模型的输入和输出描述模型,而将实际的模型隐藏在这些输入和输出的后面。例如,一个模型可以视为一个从输入集到输出集的映射。

③程序表示。

建模者通过编写模型的算法程序,并且添加输入、输出要求就构成了基本的程序式模型。在模型库中,模型程序以基本模块形式存在,方便模型的组合应用,减少冗余。

④图形化建模。

图形化建模就是将原始问题转化为某种图形,模型以图形的方式表示出来,具有直观易懂、容易操作的优点。其中,结构化建模是很典型的一种方法。模型被看作一组基本元素的组合,这些基本元素又被分为若干类,分别对应不同的基本图形。建模时,建模者首先考虑构成模型的基本元素,然后利用图形工具将这些基本元素以图形方式表示出来。

（2）模型库与数据库的结合。

模型库与数据库的关系是:决策支持系统是以多模型组合形式辅助决策,模型的运行总是需要调用数据,而且多模型的组合将涉及大量的数据,同时一个模型所用到的数据可能是另一个模型的运算结果。模型库与数据库的结合方式是决策支持系统的关键技术之一,需要解决模型程序如何调用数据库中的数据以及如何把模型程序运算的中间结果和最终结果存入数据库中。

　　模型库与数据库结合的有效途径就是解决好模型库中的模型存取数据库中数据的接口。数据接口有以下作用：

　　①因为模型所需要的数据格式各不相同，而数据库中数据是以同一种格式存储的，所以需要把数据库中的数据取出后，接口按模型所需要的数据格式做一定转换后为模型所用。

　　②在决策支持系统的开发语言中可能有些不具有对数据库的操作功能，需要接口在同一个决策支持系统中解决不同语言程序与数据库之间的数据转换问题。

　　③多个模型组合运行时，各个模型之间的连接是通过数据来完成的，一个模型的输出数据是另一个模型的输入，通过数据模型组合成一个有机整体。这些共享数据被存入数据库中，需要通过数据接口不断大量地存入、取出数据，减少数据的冗余，实现数据的统一管理。

　　总之，需要模型库与数据库的接口保证各模型可修改数据库中任意位置的数据，也可以存取数据库中的大量数据。

　　（3）人机对话系统与模型库的交互。

　　人机对话系统是决策支持系统的人机接口界面，它负责接收和检验用户的请求，协调数据库系统、模型库系统和方法库系统之间的通信，向用户提供各种类型的信息获取手段和辅助学习功能。

　　通过模型库及其管理系统与对话系统的接合，决策者能直接地控制操作、处理和利用模型。例如，决策者能正确输入数据和相关参数，使模型能够通过接口得到数据和参数，按照需要调用数据库中的有用数据和方法库中的方法，运行结束后又能够通过接口正确地将结果返回人机对话系统，显示给决策者。决策者可以在多种顺序下运行模型段，改变模型参数以及在必要时响应中间结果而改变目标功能。建模部分必须与对话部件及数据部件紧密结合才能保证决策过程的正常进行。

4.4　环境决策支持系统的方法库系统

　　所谓方法，是指在自然科学领域中所采用的基本算法和过程，如数学方法、数理统计方法、经济数学方法等。从计算机的角度看，方法是能完成预定功能的程序单位。一个完备的方法库系统应该由两部分组成：方法库和方法库管理系统。

4.4.1　方法库

　　方法是能完成预定功能的程序单位。方法完成的功能不仅有数值算法，也包括控制、组织数据处理以及报告、图形生成等非数学功能。方法作为程序单位，是完全模块化的。它与外界的信息交换只能通过接口进行。完全模块化的标志之一是方法接口上有载荷状态报告的参数，指出方法是否被正常执行了。如属非正常结束，则指出错误类型，这就显著地提高了可靠性。综上所述，方法在形态上是一种封装程序。方法通过调用而执行。调用方法时，要传送参数。从运行逻辑看，方法是子程序。方法又是积木块，它能组合成功能更强的方法,直至完成题解。

从它在整体中的地位来看,方法库是模块,有人把它称为子模型。因此在决策支持系统建立时,通常也可以把方法库放在模型库系统中,看作模型库系统的一部分。

常用的方法有:预测方法(时序分析法、结构性分析法、回归预测法等)、统计分析法(回归分析、主成分分析法等)、优化方法(线性规划法、非线性规划法、动态规划法、网络计划法等)及数学方法、数理统计方法、经济数学方法等。

4.4.2 方法库管理系统

方法库管理系统是对方法库进行管理维护的系统,它的首要功能是对方法库中的方法进行管理,包括建立、更新、检索、删除。此外,由于方法库与模型库和数据库有密切的联系,方法需要通过模型来调用,三者之间要协调统一运行,方法库管理系统的另一主要功能就是协调方法库、模型库和数据库之间的关系接口,实现它们之间的通信,保证方法可以正常运行。

一个完备的方法库管理系统应包括方法基本管理程序子系统、语言解释器、方法库运行控制子系统、数据库接口和模型库接口。

1.方法基本管理程序子系统

实现对方法的建立、更新、检索、删除等操作,此子模块由较专业的系统开发和程序维护人员进行开发和维护。

2.语言解释器

用来解释各级界面语言。

3.方法库运行控制子系统

通过与模型库和数据库的接口实现方法与模型、数据间的链接,方法运行程序和方法的完整性、安全性检查等功能。

4.数据库接口

方法调用数据时,需要由数据库接口控制方法库和数据之间的通信,通过数据库管理系统接口调用函数,将数据调用函数嵌入方法库管理系统主语言,实现方法库和数据库之间的链接。

5.模型库接口

决策控制筛选完模型后,由模型库管理系统调用模型,然后由模型调用具体方法进行分析、计算得出决策结论,并通过人机界面呈现给决策者。模型库接口就是用来实现模型对方法的调用以及结果的传递。

4.5 环境决策支持系统的知识库系统

决策支持系统能够有效地支持半结构化和非结构化问题的解决,这类问题单纯用定量方法无法解决,至少不能完全解决。为此,必须在 DSS 中建立知识库,以存放各种规则、因果关系、决策人员的经验等。对于知识库的管理需要知识库管理系统,此外,还应有综合利用知识库、数据库和定量计算结果进行推理和问题求解的推理机,因此知识库系统包括知识库、知识库管理系统和推理机。

4.5.1 数据、信息与知识

数据是指人们在认识世界过程中,定性或定量描述认识目标的直接记录或原始资料。数据经过加工处理之后,就成为信息,信息是向人们提供关于现实世界新的事实的知识,是数据中所包含的意义。

这里的知识概念是知识处理的特殊对象,与日常生活中的知识有较大的区别,因此,有必要首先弄清在知识处理的领域中如何定义知识,为知识库与推理机的进一步讨论奠定科学基础。"知识"定义为"知识是以各种不同方式把多个信息关联在一起的信息结构",或者表达为"知识是多个信息之间的关联"。

如果把"不与任何其他信息关联"即单独的一个信息也认为是一种特殊的关联方式(不关联),则单个的信息也可以看作知识的特例,将此称为"原子事实"。例如,"他是军人""穿军装"等,都是些孤立的信息或"原子事实"。如果把这两种信息用"如果……则"这种因果关系联系起来就构成了一条知识,即"如果他是军人,则穿军装"。显然,按照这种形式定义的知识一般有三种类型,即正确的知识、错误的知识和不知真假的知识。例如,"如果此地重度异常,则有铝矿",这条知识从形式上讲符合知识的定义,但它却是一条错误的知识。

4.5.2 知识的分类

1. 事实

事实是指人们对客观事物属性的值或状态的描述。这种知识一般不包含任何变量,可以用一个值为真的命题陈述或一种状态的描述来表达。例如,"今天很热""我今年51岁""大海是蓝色的"等,都表达事实,因为描述了客观事物在某种条件下各种属性或状态的真实的值。

2. 规则

规则指可以分为前提(条件)和结论两部分,用来表达因果关系的知识。它的一般形式为:如果 A 则 B。

其中,A 表示前提条件,B 表示结论或应采取的动作。

由于一条规则的结论可能是另一条规则的前提条件,因此人们可以用这类知识根据三段论推理形成一条推理链。这种知识在人工智能技术中获得了广泛的应用。

3. 规律

上述的规则知识一般还可以分为不带变量的规则和带变量的规则两种。把带变量的规则称为规律,规律中的变量一旦被实例化为一个具体的值,则规律就变成了一条具体的不带变量的规则。因此,随着变量实例化为各种不同的值,就可以从一条规律引出许多具体的规则,因而规律在这种意义上表示了一类知识,是比一般不带变量的规则反映现实更深刻的一种知识。

4.5.3 知识的属性

1. 真实性

知识既然是客观事物及客观世界的反映,必然具有真实性,应该经得起实践检验或用逻辑推理证明其真伪。

2. 相对性

所谓真实性也是相对的,知识的存在往往是有条件的、有环境要求的。一般知识不可能都无条件地真或绝对地真,或者无条件地假,而都具有"相对性"。在一定条件下和特定的时间为真的知识,当时间、条件或环境改变时它可能变成假。例如"水的沸点是100 ℃",这是以"外界大气压为1时"为条件的,如果外界的气压不是一个大气压时上述命题就不是真的。

3. 不完全性

现实中的知识往往又是不完全的。其原因是客观世界中很多事物本身往往是表露不完全的,它反映在人们头脑中对该事物的认识也就不可能完全。就因果关系而言,有时反映在对结论认识不完全。例如,"一个人发烧了,就有炎症",这是一条不完全的知识,因为"中暑了也要发烧",因而上述命题只是部分为真。

4. 模糊性

与知识的相对性和不完全性相关联的还有知识的"模糊性"。所谓模糊性在某种意义上可以认为对客观事物描述的进一步现实化。因为现实中的知识的真与假,一般来说并不总是"非真即假",而是处于某种中介状态,模糊数学对客观事物的这种中介状态给予了恰当的描述。

5. 可表示性

知识是客观事物的抽象与概括,但它本身并不是一种物质的东西。然而它应该可以用各种方式加以表示,即具有"可表示性",它的表示方式一般包括:

(1)用各种符号的逻辑组合形式来表示知识。

(2)用图形来表示各种信息和记载丰富的知识,这也是知识的一种表示方式,在 DSS 中人机界面的开发提倡这种表示形式。

(3)物理的表示方式,即用物质的各种形态来表示各种信息和知识,例如机械的、电子的、生物的或光学的等方法都可以用来表示知识。

由知识的可表示性又引出知识的另外三个属性:可存储性、可传递性和可处理性。知识库和推理机的讨论中会经常遇到和利用知识的这三个属性,这里就不详谈。

4.5.4 知识库系统

如果一个系统具有能用计算机所存储的知识对输入的数据进行解释,生成辅助决策信息并有对其进行验证的功能,则该系统称为知识库系统。

知识库系统由三部分组成:知识库、知识库管理系统和推理机。知识库是存放各种事实、规则和规律等知识的集合,知识库中的知识除了包含用于决策推理所需要的知识,还包括组织、管理和维护数据库、模型库和方法库的知识。知识库中的知识有时可以包括数据和模型,这二者从广义上来讲也属于帮助解决实际应用问题的知识。知识库管理系统完成对知识库中知识的查询、浏览、增加、删除、修改、维护等管理工作,实现与其他系统的通信功能。推理机是利用知识库中的知识、数据库中的数据、模型库中的定量计算结果,在知识库管理系统的帮助下,通过推理、演绎等智能化分析方法找到合适解(决策方案)的机器。

4.5.5　推理方法

推理方法是知识处理很重要的组成部分;用它可以从已有的知识推出新知识,是获知识的重要方法。下面简要介绍这些推理方法。

1. 演绎推理

演绎推理指从前提逻辑地推出结论的推理方法,例如:

(1)三段推理法:三段式推论是由两个含有一个共同项的性质判断做前提,得出一个新的性质判断为结论的演绎推理。三段论是演绎推理的一般模式,包含三个部分:大前提是已知的一般原理,小前提是所研究的特殊情况,结论是根据一般原理,对特殊情况做出判断。例如:知识分子都是应该受到尊重的,人民教师都是知识分子,所以人民教师都是应该受到尊重的。

(2)反证法推理:即若知"如果 A 则 B"为真和 B 为假,则可推出 A 为假。

2. 归纳推理

归纳推理包括枚举归纳法、逆推理法、消除归纳法及各种统计推理的方法。很多情况下,它是一种"从一个足够大的局部的知识推断(或推广为)全局的知识"的方法。在逻辑上,它是一种"主观不充分置信推理",即以比对前提的置信度低的置信度接受归纳结论的正确性,称前提对结论的支持程度为归纳强度。例如,得出金属受热体积必然增大就可用归纳方法。因为铜受热体积增大、铁受热体积增大,如果金属受热,那么分子距离加大,如果金属分子距离加大,那么体积增大,所以金属受热体积增大。

3. 联想与类比

联想与类比是从一些已知事物的知识,推出与该事物类似的其他事物的知识的一类方法。根据联想或类比得到启发从而获得真正的新知识,是获得知识的一条重要途径。

4. 综合与分析

根据对事物的宏观(整体)知识推断其微观(各个部分)知识的方法称为"分析";相反,从事物的微观(各个部分)知识推出其宏观(整体)知识的方法称为"综合"。分析是把事物分解为各个部分、侧面、属性,分别加以研究,是认识事物整体的必要阶段。综合是把事物各个部分、侧面、属性按内在联系有机地统一为整体,以掌握事物的本质和规律。综合和分析的方法也是人们推理经常采用的方法。

5. 预测

预测包括时间和空间两方面的预测。根据事物的过去和现在知识来推断未来的知识,这是时间的预测;从事物局部空间的知识推断其在局部以外情况的方法是空间的预测,这种预测方法也称"外延"。

6. 假设与验证

根据经验做出假设,用逻辑推理或实践检验的办法论证假设的正确性,获得新的知识。这种方法有时全部否定假设或部分修正假设,然后再做验证,也称为试探推理法。

4.6 人机交互系统

人机交互系统又称交互系统、用户界面、人机界面、人机接口等,它是提供决策者与计算机进行通信和交互的硬件和软件的总称,是连接决策者与计算机系统(包括 DSS 的各个子系统和计算机的外围设备,如打印机、扫描仪等)的中间纽带。人机交互系统的健壮性、友好性、灵活性和透明性是评价 DSS 性能的重要指标,也是影响 DSS 使用效果的重要因素。DSS 的应用历史表明,在图形用户界面(Graphic User Interface,GUI)和图形设备接口问世之前,许多 DSS 在工程应用中不能获得成功的一个主要原因是人机界面不够友好,需要决策者具备相当的计算机知识和经验。如果决策者不是熟练的计算机使用者,就会与 DSS 产生隔膜,从而影响 DSS 的使用效果。因此人机交互系统是 DSS 不可缺少的重要组成部分,在 DSS 的开发中占有重要地位。

20 世纪 90 年代以来,随着计算机的迅速发展和普及,人机交互系统的功能和交互类型也发生了比较大的变化,例如菜单成为主要的交互方式之一,各种输入输出接口、图形设备接口由计算机操作系统来负责管理,不再是人机交互系统的主要功能。因此有必要对当前人机交互系统的定义、发展、功能、设计和开发技术及未来的发展趋势做简单的介绍。

4.6.1 用户界面管理的重要性

人机交互系统是 DSS 的重要组成部分之一。在实际应用中,大部分 DSS 用户是没有技术基础的,因此,对于他们而言,用户界面就代表了系统。在许多 DSS 学者提出的框架中,都将人机交互子系统作为 DSS 的基本模块之一。人们普遍认为,随着计算机技术的发展,人机交互的形式趋向于更加多样化,DSS 用户界面的作用就变得更为重要。用户界面应能提供综合的信息交互方式,能够快速准确地提供用户所需要的信息,同时给用户提供一个方便自然的人机会话渠道,使 DSS 能够充分发挥其决策支持作用。

可以将 DSS 的用户界面定义为:DSS 的用户界面是用户和 DSS 进行各种交互会话的硬件、软件和其他资源。DSS 界面包括各种文字的、图形的、听觉的、触觉的信息交互设备和形式,也包括预置的对用户提供的信息方式和信息内容。DSS 用户界面应当有一些其他信息系统用户界面所不具备的特点。

DSS 界面应当为用户提供各种方便的手段,使他们更容易获得决策所需要的信息。

另外,许多学者都强调 DSS 应当采用与用户进行交互式会话的方式工作,因此系统必须提供容易掌握且功能强大的交互会话手段。

早期的 DDS 用户界面只能提供基本的交互会话手段。用户通过一系列预置的会话操作命令,将他们有关的信息要求传递给系统。随着用户界面技术的进步,现在的图形化界面能够提供多种输入、输出手段,如键盘、鼠标和图形操作等,使用户可以更加方便地输入命令和数据,但是,一些更方便的信息表示和交互方式如文字识别、语音识别等现在还没有在 DSS 上得到普遍应用。用户界面管理的设计中也存在许多尚未解决的问题,例如自然语言处理等就是人们在不断探索的问题。

4.6.2　人机界面范式的进化

随着计算机技术的飞速发展,人机接口技术也在不断改进。从早期的穿孔纸带、面板开关和显示灯等交互装置,发展到今天的视线追踪、语音识别、感觉反馈等具有多种感知能力的交互装置。用户界面的发展历经了批处理界面、命令行界面、图形用户界面三个阶段,现在的研究和开发重点已经放在了 Post-WIMP 界面上。

1. 批处理界面

在计算机发展的初期,人们通过批处理的方式使用计算机,这一阶段的用户界面是使用穿孔卡片作为输入设备,行式打印机作为输出设备。这只是用户界面的雏形阶段。

2. 命令行界面

在计算机发展的早期,人机之间的通信是通过机器语言完成的,人们使用穿孔纸带等方式完成与机器的交流。而后出现了汇编语言和高级语言,这些语言中逐渐引入了不同层次的自然语言特性,人们可以较为容易地记忆这些语言。

在 20 世纪 60 年代中期出现的交互终端和分时系统中,已经开始考虑如何提供给用户方便实用的界面,这些系统提供了问答式对话、文本菜单或者命令语言进行交互,这个时期的人机界面称为命令行界面(Command Line Interface,CLI)。

尽管熟练掌握命令语言后,人们能够灵活高效地操纵计算机,但是人们通常需要对语言进行大量记忆,在使用中很容易产生错误。

3. 图形用户界面

从 20 世纪 60 年代开始,由于超大规模集成电路的发展、高分辨率显示器和鼠标的出现,人机界面进入了图形用户界面(Graphical User Interface,GUI)的时代。图形用户界面的主要特点有界面隐喻、WIMP 技术、直接操纵和所见即所得。

(1)界面隐喻。

界面隐喻(Metaphor)是指用现实世界中已经存在的事物为蓝本,对界面组织和交互方式的比拟。将人们对这些事物的知识(如与这些事物进行交互的技能)运用到人机界面中,从而减少用户必需的认知学习过程。界面隐喻是指导用户界面设计和实现的基本思想。界面隐喻采用办公的桌面作为蓝本,把图标放置在屏幕上,用户不用输入命令,只需要用鼠标选择图标就能调出一个菜单,用户可以选择想要的选项。

（2）WIMP 技术。

WIMP 界面是指窗口（Windows）、图标（Icons）、菜单（Menus）和指针选取（Pointing），可以看作命令行界面后的第二代人机界面，它是基于图形方式的。WIMP 界面蕴含了语言和文化的无关性，并提高了视觉搜索效率，通过菜单、小装饰（Widget）等提供了更丰富的表现形式。

（3）直接操纵。

直接操纵用户界面（Direct Manipulation User Interface）是 Schneiderman 在 1983 年提出来的，特点是对象可视化、语法极小化和快速语义反馈。在直接操纵形式下，用户是动作的指挥者，处于控制地位，从而在人机交互过程中获得完全掌握和控制权，同时系统对于用户操作的响应也是可预见的。

（4）所见即所得（WYSIWYG）。

所见即所得（What You See is What You Get）也称为可视化操作，使人们可以在屏幕上直接正确地得到即将打印到纸张上的效果。它向用户提供了无差异的屏幕显示和打印结果。

4.6.3　人机交互系统在 DSS 中的定位

人机交互系统是人与计算机之间传递数据、信息、知识的接口。在 DSS 的使用过程中，决策者要对 DSS 的各个子系统（包括数据库、模型库、知识库和方法库等）进行操作和控制。因此，人机交互是非常重要的工作。在 DSS 中人机交互系统的作用是把用户与DSS 的各个子系统和各种输入、输出设备联系在一起。一方面决策者向系统提出任务要求、输入信息；另一方面系统向决策者输出决策方案和各种辅助决策的信息，并在必要时向决策者索取为完成任务所需要的补充信息。这种交互作用是 DSS 区别于管理信息系统（Management Information System, MIS）的一个基本特点。

人机交互系统的健壮性、友好性、灵活性和透明性是评价 DSS 性能的重要指标，也是影响 DSS 使用效果的重要因素。分析 DSS 的哪些性能因素是受到人机交互系统决定或影响的，对于设计人机交互系统是有帮助的。这些性能因素主要有：

1. 减少决策问题求解时间

决策者利用 DSS 求解某个决策问题需要花费多长时间？与人工求解相比，能够节省多少时间？节省时间的代价与开发 DSS 的费用相比，哪一个更经济？求解决策问题的时间主要包括用户输入所需数据、信息的时间和 DSS 处理数据、信息并输出决策结果的时间。它不完全由交互系统决定，然而，适当的界面设计能够将浪费的时间减至最小。

2. 易学习性

新手学习这个系统要花多长时间？系统在设计时是否考虑到决策者一般都不是计算机专业人员？系统的操作是否符合人们的习惯？

3. 可缩放性

DSS 必须能够求解领域内的一系列决策问题。如果经常出现与 DSS 最初的开发目的相关但又有所区别的新问题，系统需要扩展时，新问题的求解机制应该能够容易融入现有的用户界面的框架中。

4. 误操作处理

用户可能产生哪些误操作? 这些误操作对系统的影响如何? 是否提示用户以避免严重错误的发生? 按照误操作对系统的影响程度,最严重的误操作包括:(1)导致错误的决策;(2)破坏数据库的差错;(3)导致计算机崩溃的错误;(4)浪费用户时间但是没有其他不良影响的错误。在设计人机交互系统时,对于误操作的类型和可能发生的后果应给予提示,对于前三种误操作应设置强制性的程序出口。

系统还应提供方便用户改正错误的机制,例如,如果用户要输入 70 个数组成的序列,但其中的第 67 个数输入错了,系统应该能够准确地定位错误,而不要让用户从头重新输入整个 70 个数的序列。

理解用户通常的决策过程能够帮助把错误减至最少。如果用户经常按"日–月–年"的顺序输入日期,不必强求他们按"月–日–年"的顺序输入日期,即使后一种是日期在计算机内部存储的方式。特别是为国际性组织、跨国公司、企业动态联盟等开发的 DSS,开发者必须考虑到各个国家、地区,各个企业、组织的用户在使用上的差异,并提供多样性的选择机制。例如,在需要输入日期的地方,应该提供"日–月–年"和"月–日–年"等多种顺序的选择。

5. 帮助

当用户遇到困难时系统能提供帮助吗? 在可能的任何情况下,帮助应该是上下文相关的。帮助工具应该考虑用户没法做的事情,并且提供与当前需要尽可能接近的简明扼要的帮助。

6. 适应性

对同一操作,系统应提供多种交互方式以适应不同用户的需要。对新手和经验丰富的决策者,系统应有不同的交互模式;无论是否习惯使用键盘或鼠标的用户,都能轻松地操作 DSS。

7. 一致性

系统内部的概念、术语、命令、颜色、字体等应保持一致,以避免用户产生混淆。另外,系统的命令应尽量与其他系统等价的命令一致,系统的风格应与用户常用的界面标准(如 Windows 或 Mac OS 的用户界面)一致。

4.6.4　DSS 对人机交互系统的要求

计算机技术的不断发展和 DSS 应用领域的不断拓展,对人机交互系统提出了新要求。

1. 交互为决策者提供进一步理解决策问题的过程

由于高层次管理决策的结构化特点,决策问题是错综复杂的,决策者往往开始不能全面深入地了解决策问题的每个侧面,决策支持的出发点只能是利用交互的人机合作过程,通过试探性的和启发性的问题求解方法来帮助决策者逐步加深和调整对问题结构的认识。从本质上说,非结构化问题的求解和结构化的过程实际上是一种人机交互的启发式过程。DSS 通过交互向决策者展示问题的各个侧面,并通过交互使问题逐步深化,使决策者对问题的结构认识逐步深入、细化、清晰,使决策问题得以求解。交互是一个启发用户思维的过程。

2. 交互给决策者一种"身临其境"的感受

交互使决策者在使用 DSS 时感觉到自己在操作计算机,借助计算机系统提供的一些信息进行决策,而不是计算机代替决策者做出决策。决策所需考虑的因素多种多样,任何一个决策者在不了解决策过程的情况下都不会随意地做出决策。决策者一方面不会盲目承担决策带来的风险,另一方面也不会接受失去决策参与感和主角感。

3. 交互提供 DSS 适应新的决策问题及环境的手段

通过交互决策者可以构造新的决策问题,增加新的模型及与模型有关的概念、数据和知识,以适应新的环境变化的要求。DSS 可以根据用户操作过程的记录,适当调整自己的界面系统。

4. 交互为决策者提供控制的权力

决策问题不同于自然科学问题,既要考虑客观因素又要考虑人文因素的影响,需要根据决策者的个人决策风格、偏好、随机制约因素等做出决策。

5. 交互接口的有效性直接影响 DSS 的有效性

DSS 面对的用户是管理人员,而不是计算机专业人员。如果用户接口不友好,管理人员面对计算机不知道如何操作,就会失去其往日拥有的在专业领域内的权威性,成了外行,陷于窘境易产生不愿意使用计算机的消极心理,即产生所谓的计算机焦虑症。由此决策者宁可不使用 DSS 来寻求支持,而选择人为支持。

4.7 问题处理系统

问题处理系统的主要功能是利用系统中的其他核心组件,对用户提出的问题进行求解,求解过程见 1.1.4 小节。

第5章 智能决策支持系统
与群决策支持系统

5.1 智能决策支持系统的概念

智能决策支持系统(Intelligent Decision Support Systems,IDSS)是决策支持系统与人工智能技术相结合的系统。

人工智能技术主要是以知识处理为主体,利用知识进行推理,完成人类定性分析的智能行为。人工智能技术融入决策支持系统后,使决策支持系统在模型技术与数据处理技术的基础上,增加了知识推理技术,使决策支持系统的定量分析和人工智能的定性分析结合起来,提高辅助决策和支持决策的能力。智能决策支持系统是决策支持系统的重要发展方向。

传统的决策支持系统是以模型技术和数据处理技术为基础发展起来的,1980年Spraque提出的两库结构是典型代表。1985年Dolk为了提高模型库的灵活性,将算法从模型库中独立出来构成方法库(或算法库),从而将Spraque的两库系统(数据库和模型库)扩展为三库系统(数据库、模型库和方法库)。后来又有学者在该决策支持系统中加入知识部件(知识库、知识库管理系统和推理机)后,形成了四库系统,这其实就是智能决策支持系统的结构,这种观点已被人们普遍接受。

在这里需要说明的是,知识部件中知识库管理系统完成的是对知识的查询、浏览、增加、删除、修改、维护等管理工作,而推理机完成对知识的推理。知识一般需要经过推理才能用于解决实际问题。实际上,知识推理是建立从初始概念到中间概念,最后到目标概念的推理链。例如,"咳嗽发烧"是人的症状,初始概念经过推理得出这个人是"肺炎"或"肺结核"这样的目标概念。得出目标概念以后,才能对"病"进行"治疗"。医疗知识是通用的,但对不同人的病症,经过推理之后,得出的"病名"是不同的。不同的"病名","治疗"的方法将不同,"肺炎"和"肺结核"的治疗是不同的。可以说,推理机在知识部件中是重要的组成部分,是使用知识的重要手段。知识部件不同于模型部件和数据部件,由知识库、知识库管理系统和推理机三者组成。智能决策支持系统实际上就是知识库系统在决策支持系统上的完美运用,使决策支持系统具有智能化的决策能力。

5.2 智能决策支持系统的结构

智能决策支持系统是决策支持系统与人工智能技术相结合的系统。智能决策支持系统基本结构如图5.1所示,系统中的方法库可以看作被合并到模型库中。

在智能决策支持系统的结构中,模型库系统(模型库和模型库管理系统)和数据库系

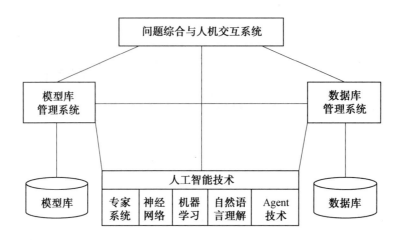

图 5.1　智能决策支持系统的基本结构

统(数据库和数据库管理系统)是决策支持系统的基础。人工智能技术包括专家系统、神经网络、机器学习、自然语言理解和 Agent 技术等。其中,专家系统的核心是知识库和推理机;神经网络涉及样本库和网络权值库(知识库),神经网络的推理机是神经元数学模型(MP 模型);机器学习包括各种算法库,算法可以看成是一种推理,它对实例库进行算法操作获取知识;自然语言理解需要语言文法库(知识库),处理对象是语言文本,对语言文本的推理采用推导和归约两种方式;Agent 技术通过传感器感知环境,通过效用器作用于环境,能运用自己所拥有的知识进行问题求解,这也是一种利用知识进行推理的过程。可见这些人工智能技术可以概括为:推理机+知识库。智能决策支持系统的简化结构图如图 5.2 所示,其中知识库管理系统可以对知识库中的各种知识进行管理,使推理工作更好地开展。

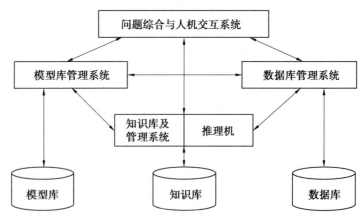

图 5.2　智能决策支持系统的简化结构图

　　智能决策支持系统中的人工智能技术种类较多,这些智能技术都是决策支持技术,各种智能技术在智能决策支持系统中发挥的作用是不同的,它们可以独立开发出各自的智能系统,发挥各自的辅助决策作用。一般的智能决策支持系统中的智能技术只有一种或两种。智能技术应用到 DSS,使定性分析和定量分析有机地结合,知识被有效管理和利用,使 DSS 解决问题的能力和范围得到了较大的发展。

5.3　决策支持系统的人工智能技术

人工智能技术是计算机科学中涉及研究、设计和应用智能机器的一个分支,主要目标是研究用机器来模仿和执行人脑的某些智力功能。自从人工智能兴起,智能技术就以知识推理的定性方式辅助决策(不同于模型计算的定量方式)。智能技术中有许多不同的分支,主要包括专家系统、神经网络、机器学习、Agent 技术和理论、遗传算法、知识表示、自然语言理解等。

5.3.1　基于专家系统的决策支持

1981 年,Bonczek 受到人工智能的启发,将专家系统(Expert System,ES)引入决策支持系统之中,提出一种面向知识的 DSS 体系结构。这种体系结构由语言系统、问题处理系统和知识系统三个部件组成,从而利用专家系统定性分析与传统 DSS 定量分析的优点,形成了智能决策支持系统这一 DSS 研究分支,如图 5.3 所示。

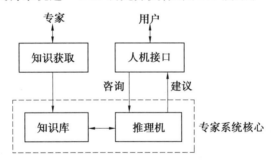

图 5.3　专家系统的结构

专家系统的决策支持在于利用专家的知识资源进行推理,达到专家解决实际问题的能力。知识推理是人工智能的主要技术,以定性方式辅助决策。专家系统是目前人工智能领域中最具有应用价值的技术。

将 DSS 和 ES 集成,把 ES 的知识处理融入 DSS,使 DSS 具有一定的智能性,解决了很多领域的实际问题,如医学、教育、商务、设计和科学研究等。但是 ES 的发展遇到一些困难:知识的获取具有"瓶颈"问题,专家能够有效地解决实际问题,但知识表达较困难、知识的系统整理也较困难,形象和逻辑思维也难以用语言表达,这使知识的获取受到极大限制;知识的表达要求非常准确,当知识库进行扩充时需进行知识一致性处理;ES 缺乏人类特有的直觉判断,根据经验学习的能力较差。这些问题限制了 ES 的发展,同时也制约了基于 ES 的 IDSS 的发展。

5.3.2　基于神经网络的决策支持

神经网络(Neural Networks,NN)是由大量的、简单的处理单元(称为神经元)广泛地互相连接而形成的复杂网络系统,它反映了人脑功能的许多基本特征,是一个高度复杂的非线性动力学习系统。神经网络具有大规模并行、分布式存储和处理、自组织、自适应和自学能力,特别适合处理需要同时考虑许多因素和条件的、不精确和模糊的信息处理问题。反向传播(Back Propagation,BP)模型是多层前馈型网络的典型代表,同时也是目前用得最多的神经网络模型,其基本模型结构如图5.4所示。

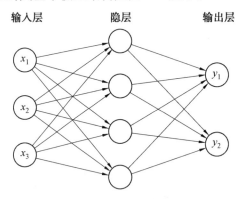

图5.4　神经网络基本模型结构

神经网络的学习也就是训练过程,指的是输入层神经元接收输入信息,传递给中间层神经元,最后传递到输出层神经元,由输出层输出信息处理结果的过程。在这个过程中,神经网络通过不断调整网络的权值,达到学习、训练的目的,当网络输出的误差减少到可以接受的程度或者预先设定的学习次数后,学习就可以停止了。也就是当已知训练样本的数据加到网络输入端时,网络的学习机制一遍又一遍地调整各神经元的权值,使其输出端达到预定的目标,这就是训练(学习、记忆)过程。

神经网络的决策支持在于利用神经元数学模型(MP模型)和Hebb学习规则,对大量的实例(样本)进行学习获取知识(网络权值),再利用该神经网络对新例子进行识别。它是定性和定量相结合的方式辅助决策的。定性方式在于利用知识(权值)进行推理(神经元信息处理)的特点,定量方式在于神经元的信息处理过程是采用数值计算方法。

5.3.3　基于机器学习的决策支持

机器学习(Machine Learning,ML)研究计算机怎样模拟或实现人类的学习行为,以获取新的知识或技能,重新组织已有的知识结构使之不断改善自身的性能。它是人工智能的核心,是使计算机具有智能的根本途径,其应用遍及人工智能的各个领域,主要使用归纳、综合,而不是演绎。

机器学习通过在数据中搜索统计模式和关系,把数据记录划分到特定的分类中,产生分类规则和规则树。这种方法的优势在于不仅能从数据中发现明确的分类规则,而且能建立预测数据类别的模型。例如常用的递归分类算法,通过逐步减少数据子集的熵,把数据分离为更细的子集,从而产生决策树,决策树是对数据集的一种抽象描述,可以作为推理方法进行推理使用。

由于机器学习能够自动获取知识,因此在一定程度上能解决专家系统中知识获取"瓶颈"问题。一些学者开始将机器学习技术引入IDSS研究之中,尝试建立具有学习能力的 IDSS。Holsapple 等将机器学习作为一个新的元件加入到由问题处理子系统、语言子系统和知识子系统组成的传统决策支持系统框架中,对决策支持系统知识库进行求精,以加强决策支持系统适应问题的能力。Chaturvedi 等将机器学习应用于生产调度系统中,构建了一个增强式调度系统。Lewis 通过评价飞行员为避免飞机发生碰撞所使用的决策启发式,进行了关于实时决策学习的讨论。哈尔滨工业大学的黄梯云教授将机器学习理论应用于 IDSS 的模型管理系统的研究中,提出了一种以学习为核心的模型操纵知识的获取与求精方法。倪志伟等将人工神经网络应用于 ES 中,研究了在神经网络专家系统中融入知识发现的过程。

这里需要注意一个问题,就是神经网络与机器学习的关系。机器学习可以看成一项任务,这个任务的目标就是让机器(广义上的计算机)通过学习来获得类似人类的智能。例如人类会下围棋,AlphaGo(阿尔法围棋)就是一个掌握了围棋知识、会下围棋的计算机程序。

而神经网络就是实现机器学习任务的一种方法,在机器学习领域谈论神经网络,一般是指神经网络学习。它是一种由许多简单元组成的网络结构,这种网络结构类似于生物神经系统,用来模拟生物与自然环境之间的交互。神经网络是一个比较大的概念,针对语音、文本、图像等不同的学习任务,衍生出了更适用于具体学习任务的神经网络模型,如递归神经网络(Recurrent Neural Network,RNN)、卷积神经网络(Convolutional Neural Network,CNN)等。

除了神经网络可以实现机器学习任务外,常见的还有线性回归、决策树、支持向量机、贝叶斯分类器、强化学习、概率图模型、聚类等多种方法,可见神经网络方法只是机器学习方法中的一种。早在 20 世纪 80 年代,神经网络就被提出来,但在应用上一般采用很浅层的、很小的网络。现如今,随着数据量越来越大,计算资源越来越丰富,以及算法上的改进和优化,神经网络的层数变得越来越多,学习的效果也变得越来越好,这就是深度学习(Deep Learning),本质上就是深层的神经网络。

机器学习在 IDSS 中的应用还有很多问题有待进一步研究,例如各种机器学习方法(如基于神经网络的学习方法、基于遗传算法的学习方法、基于事例的学习方法等)的集成、模糊逻辑、粗糙集理论等。

5.3.4　基于自然语言理解的决策支持

自然语言理解是让计算机理解和处理人们进行交流的自然语言。由于自然语言存在二义性、感情(语调)等复杂因素,在计算机中无法直接使用自然语言。目前,计算机中提供的语言如高级语言 C、PASCAL 等,数据库语言 FoxPro、Oracle 等,均属于 2 型文法(上下文无关文法)和 3 型文法(正则文法)范畴,离 0 型文法(短语文法)和 1 型文法(上下文有关文法)语言有较大的差距。但是,在人机交互中,对于简单的自然语言进行理解和处理还是能做到的。

语言处理过程是对一连串的文字表示的符号串,通过词法分析识别出单词,经过句法分析将单词组成句子,再经过语义分析理解句子的含义,让计算机系统理解并进行相应的操作。

5.3.5 基于 Agent 的决策支持

Agent 和多 Agent 系统(MAS)的概念来自分布式人工智能的研究,而且吸取了不同领域的内容,如经济学、哲学、逻辑学和社会科学,并在许多领域中得到了广泛应用。

Agent 是一种具有智能的实体。它的抽象模型是具有传感器和效用器、处于某一环境中的实体。它通过传感器感知环境,通过效用器作用于环境,能运用自己所拥有的知识进行问题求解,还与其他 Agent 进行信息交流并协同工作。Agent 技术和 DSS 的结合不仅能够提高 DSS 的智能化水平和自动化处理能力,而且能够为大型分布式 DSS 的构建提供有力的工具。Agent 的基本结构如图 5.5 所示。

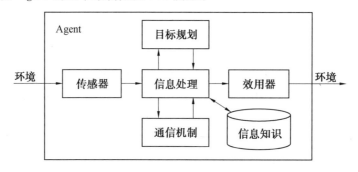

图 5.5　Agent 的基本结构

Agent 的研究是目前人工智能领域研究的热点,主要有智能型 Agent 研究、多 Agent 研究和面向 Agent 的程序设计研究三个方面。知识、目标和能力是 Agent 本身具有的三个要素,知识是 Agent 对其周围环境和要求解的问题的某种描述,目标是 Agent 解决问题所能达到的程度,能力就是 Agent 自身具有的解决问题的技能。基于 Agent 的计算被认为是软件开发的下一个重要突破。

一些学者将 Agent 技术引入 IDSS 的研究之中。Tung Bui 等提出了一种基于的决策支持系统的构造方法,将它看成是将多个协作 Agent 整合成一个用于支持问题求解的工作流的过程。Shen 等提出了一种利用软件 Agent 实现的基于 Web 的 DSS 生成器,该模型能够克服传统 DSS 的一些缺点,使 DSS 具有更好的灵活性和适应性。Luo 等将 Agent 技术用于股票交易决策支持系统的构建,并通过系统实现证明了该方案的可行性。黄必清等提出了运用多 Agent 系统(Multi-Agent System, MAS)理论研究面向企业经营过程管理的决策支持方法,指出人类是一类 GDSS(群体决策支持系统)系统中特殊的智能Agent。刘金琨等提出采用界面智能体、移动智能体和信息智能技术来实现智能决策持系统。

除了上面几种人工智能技术以外,知识表示技术、自然语言理解技术、搜索技术、问题求解技术等人工智能技术也都在 DSS 中得到了广泛的应用。另外,利用逻辑观点、面向对象方法或关系来表示系统各部件,可以使 IDSS 在总体上统一表示、相互协调以实现系统的整体智能行为。

与网络技术和数据库技术把重点放在资源共享、管理和协同工作上不同,人工智能技术的核心在于替代和减轻决策者的工作。它一方面能够利用网络技术和数据库技术来帮助决策者收集和管理有用的信息,与其他决策者进行协商,制定可行的方案集,并对各种方案给出相应的评价和预测;另一方面,人工智能技术的发展也能够反过来大大促进网络技术和数据库技术在资源共享、管理和协同工作等方面的发展。

5.4　群决策的基本概念

5.4.1　群决策问题

在现实生活中,决策往往是群体行为,是由多人参加进行行动方案选择的活动。各种委员会、董事会、代表大会等就是这样的群体决策机构。这些组织的成员、代表就是群体决策者中的一员。以群体行为做出的决策,在决策程序、决策评价标准上与单个决策者的决策有很大的差异,在决策原则、方法等方面都有新的内容,因而应用单个决策者的决策方法进行群体决策在许多方面都受到了限制。

群决策研究的就是一个群体如何共同进行一项联合行动抉择。所谓联合行动抉择,就是各个决策成员都参与同一行动,例如公司董事会对投资项目的决策;或者指各成员参与但不行动,例如作为买方企业和卖方企业,一方是购买行动,另一方是销售行动,只有同时做出决策后,双方的行动才能付诸实施。群决策研究的目的与单个决策者的情况一样,是描述群体决策行为的机理以及分析群体应如何进行有效的决策,即相应分为描述性研究和规范性研究。

群决策理论研究的问题一般具有三个前提。

(1)自主性:决策者有独立的选择机会,其行动不受较高层权力支配,但不排除群体成员的相互影响。

(2)共存性:决策成员都在已知的共同条件下进行选择。在一部分成员未做出选择的情况下,其他成员的决策行动就不能说最后完成。群决策不能在撇开一部分成员的条件下去完成。

(3)共意性:群体做出的必然是所有参与者一致能接受的方案。然而,这并不意味着所有参与者都认定此方案最优。有的成员也可能持反对态度,但面临集体的最后决策而不得不做出妥协和认可。

群体中的决策问题并不都具有群决策的上述特点。企业一般属于层序组织结构,例如下属若干车间主任、车间主任领导若干工段长等。下属的目标从上级目标派生出来并受上级的监督控制,下级服从上级,常无自主性。层序组织的领导决策实际上是个人决策。当然,各级领导在决策之前,各层次甚至夹层次的成员也参与此决策过程,不过只是参与,最后判断和取舍则完全是领导的个人行为。自主、共存、共意并非群决策过程的必要条件。要求所研究的群决策问题具备上述特点,只不过是目前群决策理论的局限性。

群决策研究与个人决策研究相比,问题要复杂得多。这主要是由以下几个因素引起的。

(1)偏好程度:群体的每个成员都有各自的目标和优先观念以及不同的效用函数。某些情况下成员偏好程度完全一致;而另一些情况下成员则有相互对立的偏好程度,对方的收益成为自己的受损。这是两种极端的情况。大多数情况是在群体中既有一致的又有矛盾的优先观念,群体中各成员间偏好程度的矛盾强度影响决策方式。

(2)主观概率判断:群体中各成员由于信息的感受和处理方式不一样,对未来状态出现概率的估计也不同。这直接影响方案的选择。

(3)沟通:群决策可以在事先完全没有沟通信息的情况下进行,在沟通过程中,相互交流各自的目标、偏好程度及对未来事件的判断,以影响对方的认识和弥补自己掌握信息的不足。

(4)人数:指群体中参与决策的人数。是两人、三人还是更多成员参与决策,直接影响群决策过程的机理。一个部门、一个组织总是通过代表和其他部门及组织共同进行某项决策。因而,群决策也研究多组织间进行的联合决策。

5.4.2　群决策的基本概念

1. 群决策与个体决策

群决策的理论建立在个体决策理论的基础之上,因此,个体决策理论假设也是群决策假设,如对决策者理性的假设、偏好的传递性要求等。除此之外,群决策由于是多个决策者共同对问题做出决策,它又有自己的特点。与个体决策比较,群决策对问题的认知和处理等方面存在以下的不同点:

(1)任何个体决策者都难以做出完美的决策,都可能会犯错误。这说明决策充满风险和不确定性。

(2)至少有两名决策者需要共同负责决策。

(3)群决策一般来说是非结构化的复杂决策问题。这说明群决策需要解决的问题往往庞大而又复杂,而单个决策者的知识和精力有限,难以做出令人满意的决策,需要集中群决策者集体的智慧才能创造性地解决问题。

(4)群决策的结果应该是个体决策者的偏好形成一致或妥协之后得出的,即帕累托原则。这说明尽管决策是有风险的,但通过个体偏好的一致集结,汇集各方面的信息,可以减少决策带来的风险和不定性。

(5)群决策质量受所采用的决策规则影响。

(6)群决策质量受个体和群体的关系影响。

2. 群决策的定义

群决策已经成为数学、政治学、经济学、社会心理学、行为科学、管理学和决策科学等多门学科研究的共同交叉点。不同学科对群体决策研究的侧重点不同,导致形成了群决策复杂多变的名词术语。由于群决策问题具有内在的复杂性、众多学科交叉的特性以及研究者研究的角度不同,形成了群决策各种各样的研究模型,至今群决策也没有一种被广泛接受的统一定义。

Hwang 在 1978 年对群决策进行分析和总结后,给出一个群决策的定义,即群决策是把不同成员对关于方案集合中方案的偏好按某种规则集结为决策群体的一致或妥协的群体偏好序。Hwang 的定义实际上更多地刻画出规范性群决策的一些特征,即需要寻找一种对决策群体公平的规则对个体决策者的偏好进行集结。这个定义强调了群决策过程是寻找每个决策个体都能够认可的群体效用函数。这个过程看起来是一个静态过程,而实际上,个体决策者形成最终的一致或妥协的群决策是一个非常复杂的过程,有可能这个决策个体意见的一致或妥协过程不得不反复进行直至决策者群体的一致偏好最终得以形成。

陈珽是这样定义群决策的:群是由群众选出的代表组成的各种各样的委员会,群决策是集中群中各成员的意见以形成群的意见。这个定义和 Hwang 的定义比较相近。

Luce 和 Raiffa 认为群决策问题是定义一个"公平"的方法集结个体偏好类型以至于产生由这些个体组成的社会唯一的偏好类型。因为能够产生这样唯一的偏好方法有很多,但并不都是"公平"的。群决策研究者的目的是找出这种"公平"的集结方法。由此看出,这个定义的重点是集结方法的"公平"性。

邱菀华认为,群决策是研究多人如何做出统一的有效抉择。多个个体组成群体,个体间可能合作,也可能是竞争的,还可能是复杂联合的以及合作基础上的有限竞争等,但必须合作形成统一的决策行为。

不同的研究者出于不同的研究视角,给出了自己的群决策定义。

3. 群决策的基本假设

不同的研究者由于研究的目的不同,对群决策研究的假设也不同。群决策一般存在以下基本假设。

假设 1:任何个体决策者都难以做出完美决策,都可能会犯错误。

假设 1 说明个体决策者在做出决策时,存在犯错误的可能性,因此决策充满风险和不确定性。

假设 2:至少有两名决策者需要共同负责决策。

假设 2 是群决策区别于个体决策的根本所在。由于决策者需要共同负责进行决策,决策者的个数和决策者之间的本质关系直接影响到群决策的决策过程、决策机理以及决策结果的质量。委员会决策、组织决策以及团队决策都是由于决策者之间的关系不同而导出的群决策形式。

假设 3:群决策一般来说是非结构化的复杂决策问题。

假设 3 指出群决策需要解决的问题往往庞大而且复杂,单个决策者的知识和精力都极为有限,难以做出令人满意的决策,需要集中群体决策者集体的智慧才能创造性地解决问题。

假设 4:群决策的结果应该是个体决策者的偏好形成一致或妥协之后得出的,即帕累托原则。

由假设 1 可知,决策是有风险和不确定性的。正是通过对个体偏好的一致集结,得到来自不同来源的信息,才大大减少了决策带来的风险和不确定性。

假设 5:群决策质量受到所采用的决策规则影响。

给定群决策其他因素不变,所采用的决策规则不同会得出不同的决策结果。

当采用不同的决策规则时,每个备选方案都有机会成为最终的方案,深刻地说明了决策规则对群决策质量的影响。

假设6：群决策质量受个体和群体的关系影响。

假设6说明决策个体对群体的忠诚度对群决策具有影响。

4.群决策的主要方法

（1）机器学习法。

对大量的历史数据和决策过程中积累的经验进行分析和处理以获得对决策有用的知识，主要包括：CART(分类回归树)学习算法、神经网络、遗传算法、粗糙集理论、基于范例的推理等。

（2）软计算法。

软计算的目的在于适应现实世界普遍存在的不确定性，它是一个方法的集合。其指导原则是开拓对不精确、不确定性和部分真实的确认和表示，以达到可处理性、鲁棒性、低成本求解以及与现实更好地紧密联系的目的。

（3）数据仓库和联机分析处理(OLAP)。

数据仓库是通过多数据源信息的提取、转化、净化、汇总，建立面向主题、集成、时变、持久的数据集合，从而为决策提供依据。联机分析处理是与数据仓库相关联的数据分析技术，它通过对数据仓库的即席、多维、复杂查询和综合分析，得出隐藏在数据中的事物的特征和发展规律，为决策提供支持。

（4）定性推理法。

定性推理理论由于其处理不完全、不确定知识和模糊数据的突出能力，在管理科学等领域受到了关注。定性推理的理论和方法应用于预测、分析、控制和辅助决策。

这些理论和方法的运用在很大程度上突破了传统方法的局限性，提高了决策问题求解的效能和决策的智能化水平，为群决策支持系统的实现奠定了良好的方法和理论基础。

5.4.3 群决策问题的集结方法

在群决策过程中，一般先由各决策者分别做出自己的判断即评价，然后再将这些判断信息按照某种方法集结成为群决策结果，即最终的决策。因此，群决策过程涉及个体评价和群决策两个阶段。个体评价相对简单，下面主要讨论群决策问题的集结方法。

按照某种算法对单个评价进行集结，得到一个总体评价，称为群评价问题。群评价的集结方法也因具体问题而不同，总体上可以分为两类，即基于评价值的集结和基于评价序的集结，见表5.1。

表5.1　群决策问题的集结方法

集结类型	集结方法
基于评价值的集结	加权平均法、算术平均法、中间值法
基于评价序的集结	线形分配法、平均值法、Borda数

1.基于评价值的集结

设n个专家分别给出对方案i的评价值vi，求群评价值v的算法，即为评价值的集结法。

2. 基于评价序的集结

在某些综合评价方法特别是主观评价中,不给出各方案的评价值而直接给出各方案的优劣顺序,并根据每个方案在排序结果中的位置给予相应的权值,最后根据每个方案在不同组的综合权值确定选择哪种方案。

5.4.4　德尔菲法

德尔菲法又称"专家意见法",是为了克服专家会议法的缺点而产生的一种专家预测方法,是一种具有广泛代表性、较为可靠且简单易行的群决策方法。

德尔菲法依据系统的程序,采用匿名发表意见的方式,即专家之间不得互相讨论,不发生横向联系,只能与调查人员进行联系,通过多轮次调查专家对问卷所提问题的看法,经过反复征询、归纳、修改,最后汇总成专家基本一致的看法,作为预测的结果。在预测过程中专家彼此互不相识、互不往来,这就克服了在专家会议法中经常发生的专家们不能充分发表意见、权威人物的意见左右其他人的意见等弊病,各位专家能真正充分地发表自己的预测意见。

1. 德尔菲法的实施步骤

德尔菲法的具体实施步骤如下:

(1)组成专家小组。按照课题所需要的知识范围,确定专家。专家人数的多少,可根据预测课题的大小和涉及面的宽窄而定,一般不超过 20 人。

(2)向所有专家提出所要预测(解决)的问题及有关要求,并附上有关这个问题的所有背景材料,同时请专家提出还需要什么材料。然后,由专家做书面答复。

(3)各个专家根据所收到的材料,提出自己的预测(解决)意见,并说明自己是怎样利用这些材料并提出预测值的。

(4)将各位专家第一次判断意见汇总,列成图表进行对比,再分发给各位专家,让专家比较自己同他人的不同意见,修改自己的意见和判断。也可以把各位专家的意见加以整理,或请身份更高的其他专家加以评论,然后把这些意见再分送给各位专家,以便他们参考后修改自己的意见。

(5)将所有专家的修改意见收集起来,汇总,再次分发给各位专家,以便做第二次修改。逐轮收集意见并为专家反馈信息是德尔菲法的主要环节。收集意见和信息反馈一般要经过三、四轮。在向专家进行反馈的时候,只给出各种意见,并不说明发表各种意见的专家的具体姓名。这一过程重复进行,直到每一个专家不再改变自己的意见为止。

(6)对专家的意见进行综合处理,形成最终的预测(求解)结果。

2. 德尔菲法与专家会议法的比较

德尔菲法与常见的召集专家开会、集体讨论、得出一致预测意见的专家会议法既有联系又有区别。德尔菲法能发挥专家会议法的优点:

(1)能充分发挥各位专家的作用,集思广益,准确性高。

(2)能把各位专家意见的分歧点表达出来,取各家之长,避各家之短。

同时,德尔菲法又能避免专家会议法的缺点:

（1）权威人士的意见影响他人的意见。

（2）有些专家碍于情面,不愿意发表与其他人不同的意见。

（3）出于自尊心而不愿意修改自己原来不全面的意见。

德尔菲法的主要缺点是过程比较复杂,花费时间较长。

在这里,需要注意两个问题:一是并不是所有预测的事件都要经过以上步骤。可能有的事件在第二步就达到统一,而不必在第三步中出现。二是在第四步结束后,专家对各事件的预测也不一定都达到统一。不统一也可以用中位数和上下四分点来给出结论。事实上,总会有许多事件的预测结果都是不统一的。

3. 德尔菲法的应用

德尔菲法作为一种主观、定性的方法,不仅可以用于预测领域,而且可以广泛应用于各种评价指标体系的建立和具体指标的确定过程。

5.4.5 投票表决

在群决策的各种方法里,投票表决是在现实生活中应用最广、使用最方便、效果最明显的方法。

在实际过程中,投票表决一般由两步组成:投票和计票。投票过程应简单易行,计票过程应准确有效。根据表决过程是否进行排序,可以分为非排序式投票表决(Non-ranked Voting Systems)和排序式投票表决(Ranked Voting Systems)两类。

下面重点对非排序式投票表决进行介绍。

1. 只有一人当选的情况

只有一人当选时,常用的投票表决方式有计点式、简单多数制、半数代表制、二次投票法、反复投票表决法等。

（1）当候选人只有 2 人时。

主要采用计点式(Spotvote):投票采用每人一票的形式,计票采用简单多数票(Simple Plurality)法则(即相对多数)。计点式是最简单的投票表决方式。

（2）当候选人多于 2 人时。

既可以采用简单多数票(相对多数)法则,也可以采用过半数(Majority)法则(即绝对多数)。若采用过半数法则,当第一次投票无人获得过半数选票时,一般有两种处理方式:

①二次投票:对前两名进行再次投票,同候选人只有 2 人的情形。该投票表决方式在法国总统选举、俄罗斯总统选举中均有应用。

②反复投票:先淘汰部分候选人,然后重复投票过程。淘汰候选人的方式一般有两种:一是候选人自动退出,如美国两党派的总统候选人提名竞选;二是得票最少的候选人被强制淘汰,如奥运会申办城市的确定。

需要特别说明的是,无论简单多数票法则、过半数规则,还是二次投票,都有不尽合理之处。

法国著名哲学家孔多塞早在 18 世纪即指出,当存在两个以上的候选人时,只有一种办法能严格而真实地反映群中多数成员的意愿,这就是对候选人进行成对比较。若存在某个候选人,他能按过半数决策规则击败其他所有候选人,则他被称为孔多塞赢家,应由此人当选。这一原则称为孔多塞原则。

2. 两人或多人当选的情况

(1)一次性非转移式投票表决(Single Non-transferable Voting)。

投票人每人一票,得票多的候选人当选。日本议员选举(选区制,每选区当选人数超过 2 个)自 1890 年起一直采用此方式。

(2)累加式投票(Cumulate Voting)。

每个投票人可投票数等于拟选出人数,选票由选举人自由支配,可投同一候选人若干票。该方式的好处在于可切实保证少数派的利益,大多用于学校董事会的选举(注意:公司董事会的选举与此不同),在英国历史上(1870—1902 年)也有应用。

(3)名单制(List System)。

由各党派团体开列候选人名单,投票人每人一票,投给党派团体,而不是直接投给候选人个人。最后根据各党派团体的名单的得票数来分配席位,并按各名单应得席位与名单上候选人的次序确定具体人选。此方式于 1899 年始用于比利时,以后被荷兰、丹麦、挪威和瑞典等国采用。

常用的分配席位的方法(即计票方式)有两种:最大均值法和最大余额法。可以证明,最大均值法对大党有利,最大余额法对小党有利。

3. 其他投票表决(选举)方法

下面再简单列举几种应用相对较少的方法。因为比较容易理解,所以只通过简单的例子进行说明。

(1)资格认定。

①候选人数 M = 当选人数 K,即等额选举,用于不存在竞争或不允许竞争的场合。

②不限定入选人数,如学位点评审、职称评定、评奖等,目的不是排序,而是按某种标准来衡量被选对象。

(2)非过半数规则。

非过半数规则见表 5.2

表 5.2　非过半数规则

投票表决(选举)方法	应用案例
2/3 多数	美国议会推翻总统否决需要 2/3 多数
2/3 多数≥60% 多数	希腊议会总统选举,第一次需要 2/3 多数,第二次需要 60% 多数
3/4 多数	美国宪法修正案需要 3/4 州议会的批准
过半数支持且反对票少于 1/3	1993 年前我国博士生导师的资格认定
一票否决	联合国安理会常任理事国的否决权

除了以上介绍的几种方法外,两人或多人当选时还有复式投票(Multiple Voting)、受限的投票(Limited Voting)、简单可转移式选举(Single Transferable Voting)、认可选举

（Approval Vote）等方法。其中，复式投票是指每个投票人可投票数等于拟选出人数，且对每个候选人只能投一票；受限的投票是指每个投票人可投票数小于拟选出人数，且对每个候选人只能投一票。在实际应用中此二者均存在明显的弊端，即在激烈的党派竞争中，实力稍强的党派将拥有全部席位，因此该方法只能用于存在共同利益的团体和组织内部。

以上介绍的均为非排序式投票表决的方法。排序式投票表决的方法较非排序式复杂，其中涉及一些非常著名的基础性的理论和方法，如 Borda 法（1770 年提出）、孔多塞原则（1785 年提出）、投票悖论（群的排序不具传递性，出现多数票的循环）等。除此之外，还有一些策略性投票方法，如谎报偏好、选票交易、小集团操纵、次序效应等。对于这些理论和方法，限于篇幅本书不再介绍，感兴趣的读者可自行查阅决策支持和决策分析领域的相关专业书籍。

无论采用哪种投票方法，都希望达到最优的决策效果。因此，一个好的选举方法至少需要具备以下三个方面的特点：

①能充分利用各成员的偏好信息。

②若存在孔多塞赢家，应能使其当选。

③能防止策略性投票。

这里需要特别说明的是，目前尚没有任何一种投票表决方法对策略性投票具有防御能力。

5.5　群决策支持系统的基本理论

群决策支持系统（GDSS）由决策支持系统 DSS 发展而来，GDSS 的许多理论和实现方法都与 DSS 类似。

5.5.1　GDSS 的背景与概念

1. 初识 GDSS

1985 年，DeSanctis 和 Gallupe 提出"GDSS 是基于计算机的交互的系统，它支持在一起工作的决策者群体解决半结构化的问题"。GDSS 是一种基于计算机和通信的人机交互系统，通过参与决策的多人以群体形式一起工作，使非结构化的难以解决的问题变得相对容易。Gallupe 将群决策支持系统定义为向参加决策会议的群体提供支持的系统，主要功能是支持群体信息检索、信息分享和信息使用。不同的研究者存在不同的理解，从而形成不同的 GDSS 的定义。但学者普遍认为 GDSS 是由硬件、软件、组织件和人组成的"社会技术包"。硬件包括会议设施、计算设备、远程通信和视听设备等；软件包括数据库管理系统、高级程序语言、决策建模和决策支持软件；组织件包括协调和管理群体过程的各种规程；人指决策群体及各种支持人员。

许多重大问题需要群决策，这些群体的决策过程往往是根据已有的材料，根据群成员各自的经验和智慧，通过一定的议程（如会议），集中多数人的正确意见，做出决策。GDSS 是涉及不同的个人、时间、地点、通信网络及个人偏好和其他技术的复杂的组合，多数问题是非结构化问题，很难直接用结构化方法提供支持。GDSS 将通信、计算机和决策技术结合起来,使问题的求解条理化、系统化。而各种技术的进步,如电子会议、局域网、远距离电话会议以及决策支持软件的研究成果,推动了这一领域的发展。GDSS 中用到电子信息、局部或大区域网、电话会议、储存和交换设备通信技术;用到多用户系统、第四代语言、数据库、数据分析、数据存储和修改能力等计算机技术;用到一系列决策支持技术包括议程设置、人工智能和自动推理技术以及决策树、风险分析、预测方法等决策模型方法,以及结构化的群决策方法,如德尔菲法等。

基于决策模型要求,GDSS 的核心是数据库(DB)和模型库(MB)。它们分别在数据库管理系统(DBMS)和模型库管理系统(MBMS)的支持下运行。数据库把历史资料、现状信息进行整理和存储,提供给模型库。模型库从数据库获取信息,进行加工处理,分析比较,生成决策支持信息和派生信息。前者供决策者判断,后者供现状分析和未来预测,并存储到数据库中。

总体来说,GDSS 是一个支持决策行为的系统,它面向决策行为的群体,面向决策活动及其信息需求。它以管理信息系统(MIS)为基础,依靠决策模型,对各种策略进行分析,预测结果,提供给群体,加上经验和判断做出决策。它支持决策而不代替决策,追求的不是效率,而是有效性。GDSS 是一个全新的 DSS,而不是原有的 DSS 部件的组合,它旨在为决策群体提供支持,改善决策过程和提高决策方案质量。

2. GDSS 的优势

GDSS 是一种基于计算机的群体合作支持系统,主要以局域网的形式支持多人参加的会议,通过一个自动化的过程来收集、记录、交换会议意见,并实时显示反映意见,交换发言权。GDSS 可以缩短会议时间,提高会议效率,增加群体满意度。其优点具体表现在以下几个方面。

(1)匿名性。

以一种匿名的方式完成会议意见和发言权的交换,扩大了群体参与范围,与会者不再担心因发言偏差而当面遭到奚落,也不会感受到集团一致性的现场压力,从而避免了强烈的从众心理。

(2)并行交流。

在传统会议上,与会者只能依次轮流发言,往往会有个别人垄断会议时间的现象,从而体现不出群决策的意旨。GDSS 则可通过计算机系统同时交换书面意见,允许与会者的发言并行不悖,从而增大了群体参与面。

(3)会议记录的自动化。

GDSS 自动地将与会者的言论、表决和其他共享信息的记录存储到一个磁盘文件中。这种自动记录会议讨论内容的方法可以免去人工记录的烦琐与差错,为会议的总结分析提供详尽的一手材料,也使今后的查阅变得十分方便。在传统会议上,可能会因为发言者的语速、用语等方面的原因而影响听者的理解,降低群决策的效果。而在 GDSS 会议上,与会者可花更多的时间来阅读现成的屏幕动态记录,更好地理解会议内容,并做出相应反应,GDSS 的以上优点使会议的参与面比传统会议广得多,从而可采集到更多建设性的信息和观点,供决策时选用。

GDSS 技术及配套软件的应用大大提高了群决策的公开性和效率,对企业质量管理有深远的影响。GDSS 充分利用企业各部门所配置的计算机系统,形成一个网络管理模块,任何一项重要的决策都可以凭借计算机网络,最大限度地实现全员参与,获得翔实的第一手材料,并进行自动化的整理与评价,最后得出最佳方案。现在,国际上许多著名的企业均已引入 GDSS 系统,如美国陶氏化学公司、IBM 等。

3. GDSS 的概念

GDSS 确切的定义是什么,迄今还没有公认的阐述。Huber、Desanetis 与 Gallupe 以及 Sage 等对 GDSS 各有不同的认识。下面给出几个定义。

(1) GDSS 是利用信息技术和信息系统对为了同一目标的决策群体提供决策支持,是求解半结构化和非结构化决策问题的人机交换系统。

(2) GDSS 是一种以计算机为基础的支持群决策的决策支持系统。该群体为了一个共同的决策问题,广泛利用信息资源和决策手段,进行充分协商,最后达成一致意见。

(3) GDSS 是一种基于计算机的交互式系统,这个系统依靠作为一个群体在一同工作的许多决策人员对非结构化的问题给出解决方案,从而成为组织中进行经常性决策工作的重要依托。

(4) GDSS 是涉及人(组织中可能参与决策的各级各类人员)、计算机、数据库和通信网的大规模的信息系统。与其他信息系统如 EDP(电子数据处理)、MIS(管理信息系统)、OA(办公自动化系统)、DSS(决策支持系统)、ESS(裁决支持系统)等相比,GDSS 所涉及的范围和复杂度经常需要将决策功能分布在组织中参与决策的个人身上,这些决策者组成了一个决策网络,成为 GDSS 的逻辑支撑。决策者通常在某种环境条件下独立地观察组织行为的真实输出。当可用信息在决策者中分配时,他们必须作为一个团组来合作工作,以完成最终决策。

(5) GDSS 是一个基于计算机的交互系统,它使参与决策的多人作为一个群体在一起工作,寻找非结构化问题的解决方案。

尽管难以找到一个统一的定义,但人们对 GDSS 核心内容的看法还是基本一致的。

GDSS 的决策群体可以是集中或分散的,决策行为可以是同时或异步的。系统物理结构一般由计算机及其外围设备、网络系统、通信设备等组成;逻辑结构一般由数据库、模型库、知识库、方法库、规则库以及各库的管理模块,加上系统总控、网络服务、通信管理与人机界面等工具组成。系统的职能为辅助决策群体完成通信、规划、方案生成、问题求解、专题讨论、协商谈判、冲突解决、系统分析等任务。与传统的 DSS 相比,GDSS 更强调组织行为与通信技术的职能。

5.5.2　GDSS 的分类与特点

1. GDSS 的分类

根据问题类型或决策主体结构的不同,GDSS 可采用不同的方式,根据不同的理念假设选择不同的模型和技术支持。从 GDSS 的结构看,可分为集中方式和分布方式。集中式 GDSS 的研究重点为:群体通信机制化,决策进程结构化,开发决策支持的软件工具,有效引导群体的相互影响、相互作用,对数据记录方式、信息表达方式、通信方式的支持,个体权值及冲突处理的研究等。分布式 GDSS 主要涉及分布式决策的策略、方法、过程模型的研究,分布式系统的特征、信息表达和结构的研究,分布式数据库、模型库、知识库的结构和管理的研究,高效智能化网络的结构与通信方式的研究等。

Kraemer 等根据 GDSS 所依赖的技术基础,将其分为电子会议室、远程会议设施、群体网络、信息中心、决策会议、协作设施六种类型。

Desanctis 等根据会议持续时间和群体成员的物理接近程度两个环境因素,将 GDSS 为四种类型:决策室、局部决策网络、远程会议、远程决策制定。

Teng 等根据 GDSS 的自身功能特征,将 GDSS 分为问题内容支持和群体过程支持两种类型。内容支持旨在一定程度上为用户提供探察特定领域问题实质的支持,体现为与决策问题有关的数据、信息、知识的处理,着重于问题的内容,试图在给定的社会或群体约束和目标下,找到最优解或满意解。其方法包括选举和社会选择理论和博弈理论方法。过程支持旨在一定程度上支持或影响群体会议的进程,体现为成员参与和信息交换模式的改变,群体成员行动、态度、信念以及明显或隐含的规程的调整。过程支持分为通信支持、过程结构化支持和智能过程支持三个等级,其中智能过程支持指开发基于知识的部件,为群体通信和过程结构化提供支持。运筹学和管理科学中的相互作用过程以及组织心理学方法二者都为过程导向型方法,它们着眼于决策的动态过程。最近,在决策支持系统技术中又出现了解决群体问题的第三种方法,即信息系统方法。它将决策支持系统和多指标决策方法结合起来,将过于数学化和过于规范的多指标决策方法转换为支持工具,有效地适应决策者的需要。

根据决策成员在决策时间和地点的不同,GDSS 具有四种可能的设置:同时/同地、同时/不同地、不同时/同地、不同时/不同地。

2. GDSS 的特点

(1)GDSS 的功能特点。

GDSS 是利用信息技术和信息系统对为了同一目标的决策群体提供决策支持,是求解结构化和非结构化决策问题的人机交互系统。GDSS 是由 DSS 发展起来的,GDSS 中每个参与者的工作平台高度、组件构成、结构方式以及对象组织的层次、支持程度和技术习惯选择等与 DSS 本质是一样的。但是 GDSS 又是全新的 DSS。DSS 的对象是单用户,可在单机上实现,自动化程度较高;而 GDSS 面临多个用户,甚至需要将决策权分层次留给参与者。因此 GDSS 不仅包括信息表达和处理技术,还涉及通信、冲突的解决、一致性控制和访问权限控制等群体协同的计算技术。

(2)GDSS 的技术特点。

根据问题类型或群决策主体结构的不同,GDSS 可采取不同的方式,根据不同的理念假设选择不同的模型及其技术支持。

①集中方式:面对的是群体成员紧密结合、共同致力于相同目标即单群体决策问题。其焦点在于引导和协同决策参与者互相作用、影响和激发,集中群体智慧同时解决同一问题。数据处理问题的重点在于访问控制和实现共享,基于不同的基本假定,在该方式下可采用三阶段模型、共享上下文模型等模型方式。

②分布方式:面对的是对象组织庞大、问题十分复杂,以至于单个决策者无法全面把

握多群体决策问题。这种决策活动通常要经历子问题划分、任务分配、子问题解决、综合处理等步骤。现实中可能是前两步已事先完成,主要着手于后两步,但各决策单元必须意识到它们之间存在整体性的相互联系和相互作用。多群体决策支持系统(MGDSS)即是针对这类问题的支持系统。

5.5.3　GDSS 的功能与结构

1. GDSS 的功能

GDSS 可为群体活动提供三个层次的支持,即沟通支持、模型支持及机器诱导的沟通模式。一般的 GDSS 能做到的是沟通支持和模型支持。GDSS 对机器诱导的沟通模式的支持是一个比较难达到的程度,很少有系统能提供这一层次的支持。在这一层次上要求有一个能快速查询和反馈的规则库,能通过规则的使用测量结构化群体交互的信息量与时间,甚至还能利用专家建议去选择和实施规则,另外还有能使用会议程序或群体自己设计的决策过程。这一层次的支持属群体智能协调内容,尚处于研究阶段,它能促进决策过程的协调,帮助组织者工作。

具体地讲,GDSS 能提供下列功能:

(1)提供技术和模型支持,提高和改善群决策的质量。

(2)支持战略规划、预测分析等功能,求解半结构化和非结构化问题。

(3)制定特殊的工作规程与机制,实现群体的"柔性"合作。

(4)能为地理上分散的用户服务。

(5)能提供有次序的和在线的群体讨论。

(6)协助群决策过程的各个方面,从问题的定义到一致性的寻求。

(7)通过对每个决策成员提供相同的决策支持,提高他们参与群体讨论的质量。

(8)通过提高书面联系,促进技术信息交流。

2. GDSS 的结构

(1)基本结构。

GDSS 由 DSS 发展而来,其基本结构与 DSS 相同,如图 5.6 所示。

GDSS 在计算机网络的基础上,由人机接口、私有 DSS、规程库子系统、公共显示设备、通信库子系统、共享的模型库、数据库、方法库及知识库等部件组成。

①主持人和群体决策者。

GDSS 一般以一定的规程展开,如正式会议或网络会议的方式运行,会议由一个主持人及多个决策者,围绕一个称为"主题"的决策问题,按照某种规程展开。

②人机接口。

系统接收决策群体的各种请求,这些请求有主持人关于会议要求与安排的发布请求,决策者对数据、模型、方法等决策资源的请求等。系统按照请求内容执行后,将结果返回决策群体。

③私有决策支持系统。

私有决策支持系统是指常规的决策支持系统。

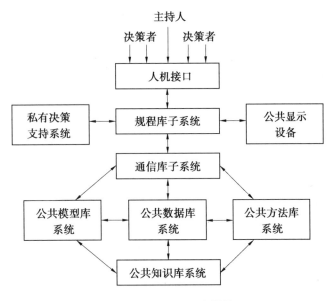

图 5.6　GDSS 的基本结构

④规程库子系统。

存储与管理群体决策支持的运作规则及会议事件流程规则等,如德尔菲法实施步骤规则、投票规则、各种协调规则等。

⑤公共显示设备。

群决策过程和结果的显示区域,若是网络会议,公共显示屏信息也由通信库子系统传送至各参会者的站点。

⑥通信库子系统。

相当于会议的秘书处,是系统的核心,它存储和管理主题信息、会议进程信息及决策者的往来信息,负责这些信息的收发;沟通决策者之间,决策者与公共数据库、公共模型库与公共知识库之间的通信。

⑦公共模型库、数据库、方法库和知识库系统。

分别存放群决策支持所需的模型、数据、方法和知识。

(2)四种构型。

影响 GDSS 构成类型的因素很多,其中最主要的有三个,即群体大小、成员接近程度与任务类型,前两个因素决定了 GDSS 的四种基本构型。

①决策室(Decision Room)。

这是 GDSS 最常见的也是最基本的一种构型,它是对传统会议的一种扩展。在这种决策环境中,决策群体同处一室,共同探讨某些决策问题。其设施一般包含一间中等规模的会议室、马蹄形或半圆形会议桌(尽量使成员彼此能看见对方)、大屏幕显示器、多终端计算机、各种系统软件、应用软件及组织软件。

②局部决策网络 LADN(Local Area Decision Net)。

这种形式的 GDSS 很适于支持决策群体在空间或时间上分离的决策环境,也即所谓的"异步会议"。有几种不同层次的实现形式,其一是利用计算机局部网络连接决策者各自办公室的工作站或终端,以实现成员在组织中不同场所的决策支持;其二是利用计算机网络沟通组织内部与组织外部(如成员家庭)的联系,以支持成员不在组织内部时的决策;其三是连接各不同的决策室,以支持更广泛的群体合作。与决策室相比,LADN 将重点放在计算联网与通信方面,其软件也增加了网络管理、通信管理和异步会议调度等工具。

③议会式会议(Legislative Session)。

这种 GDSS 用以支持大量成员在同一会场出席的会议。在这一环境下,每个成员均可独立发表见解,与决策室不同的是,仅有会议主席与技术支持人才有权通过公共显示设备传递信息(决策室环境下,信息可自由传递),成员之间的信息交互也要受一定限制,一般与本组其他成员或组主持人之间可自由交互,而其他成员交互均须在受控下进行。会议主席和技术支持人的总体调控起到很重要的作用。这种 GDSS 的硬件设备与决策室类似,但软件需加强会场管理与方案组织管理的功能,以避免方案的重复、过量输入,并减轻通信负担。

④远程电话会议(Teleconference Facility)。

这是一种成员数量很多,而且决策群体分散的 GDSS 模式,也称作"计算机媒体会议"(Computer Mediated Conference)。这种 GDSS 的核心成分是广域计算机网络及其支持软件,一般也需要技术支持人和协调人,负责会议进程的协调组织。

5.5.4 GDSS 研究的缺陷与发展方向

1. GDSS 研究中存在的问题

(1)研究方法上的缺陷:目前,群决策的理论研究还缺乏必要的方法论指导,尚未形成完整的理论体系。GDSS 的一些技术问题如通信技术、定性信息的描述和模型化技术、人工智能和专家系统支持技术及灵活性研究等方面占据 GDSS 的研究内容,使 GDSS 研究重理论技术,轻开发应用,对 GDSS 的研究大多停留在实验室阶段,与实际情况相差太远。

(2)GDSS 的决策支持功能较弱:只能提供诸如群体思想产生投票等活动的浅层支持,缺乏对成员个人决策能力的支持,系统提供的支持多是被动的支持。

(3)GDSS 未能与组织充分集成。

(4)对群体决策过程本身研究不足:大多数 GDSS 研究对群决策过程研究不足,使 GDSS 设计及实施效果的评估缺乏正确的依据。有关 GDSS 有效性的评价一直是 GDSS 研究中的薄弱环节。

(5)迄今为止,GDSS 的开发及其评价方法还很不完善:群决策中,影响群体活动的因素大多具有社会性、动机性、政治性和经济性,这些因素经常是不稳定的。另外,群决策过程是非常复杂的、微妙的,有些参与者隐藏了部分议程,有的对群体社会规范和群体动机非常敏感,有的更关心其他成员的参与程度。在开发技术方面,GDSS 的开发成本较高,不可能采用进化式的快速原型(Prototyping)方法,原型系统的不全面性和不完善性可能导致 GDSS 的失败。GDSS 硬件和软件的高昂成本使用户不可能看到中期软件产品,开发者对 GDSS 的评价也相当困难,导致投资者望而却步。

2. GDSS 的研究方向

GDSS 比较适合我国当前通行的集体决策方式。GDSS 在理论发展和实际研究方面有很广阔的前景,组织的主要决策都是由群体进行的,远程交换技术的广泛应用也促进了 GDSS 的使用,但目前关于 GDSS 的研究仍处于实验阶段。

根据华中科技大学王宗军提出的观点,当前 GDSS 需进一步研究的主要课题有:

(1) GDSS 的设计包括组成部分、特性、外形学等。

(2) GDSS 中不同群体的数据库、知识库和模型库的设计、管理及相互接口。

(3) GDSS 的人机交互接口的设计及不同群体通信的管理方法。

(4) GDSS 的决策过程、决策模式及内部控制机制。

(5) GDSS 的评价方法和评价体系。

5.5.5 　GDSS 与 DSS 的关系

GDSS 是 DSS 在广度上的拓展,并以 DSS 的功能和技术为依托,在原有的 DSS 的基础上,将计算机局域网、通信技术、大容量储存技术、图形图像显示技术结合起来,构成了支持群体决策的系统,即 GDSS。因此 GDSS 是 DSS 在方法上和功能上的拓展,GDSS 中包含一个常规 DSS,即有关 DSS 模型库、数据库、知识库、方法库和用户接口的概念在 GDSS 中同样适用。

1. GDSS 的形成

由于 GDSS 是 DSS 在方法上和功能上的拓展,GDSS 中包含一个常规 DSS,有关 DSS 模型库、数据库、知识库、方法库和用户接口的概念在 GDSS 中同样适用,如果群体最后缩减为一个人,GDSS 就变成了 DSS。相反,若把 DSS 变为 GDSS,则应该包括一些新的要求:

(1) 添加一个通信库(Communication Base),便于决策成员之间进行交流。

(2) 加强模型库功能,提供决策成员决策时用的投票表决、排序、分类评估等功能以形成一致性意见。

(3) 增加对冲突的解决、一致性控制和访问权限控制等群体协同计算技术。

(4) 要求更高的正常运行时间。

(5) 系统使用前的快速准备和调整能力。

(6) 扩充的物理设备。

2. GDSS 与 DSS 的关系

杭州电子科技大学的陈锦涛对 GDSS 和 DSS 进行了对比,从发展基础、物理配置、系统框架结构、存取方式、功能、决策过程、决策心理 7 个方面将二者做了比较,并归纳为以下三点:

(1) 在 GDSS 中,若视每个成员的 DSS 为一个元素,GDSS 则为元素的集合,它包含了各元素,也包含了各元素之间的关系。

(2) 在多个关系中,功能关系是主要的。GDSS 较 DSS 多了三个功能关系:方案产生,选择及协商。其他结构关系和物理配置关系都是对实现功能关系的支持。

（3）无论 GDSS 还是 DSS，它们都是人机对话系统，都离不开人的作用和影响。在 GDSS 中除了人机的对话外还有人与人的对话。

因此，GDSS 与 DSS 之间的关系可用图 5.7 表示。这种结构提出了一个通过个体决策支持系统和群决策支持系统网络形成的群体成员的多边关系。这种决策支持系统网络的作用是支持作为群体成员的决策者及群体本身。群体作为一个整体不再是一个群决策支持系统的单个用户，群决策支持系统表示了一种由分散的、松散耦合的决策者群体组成的分散式问题解决方式。根据不同的决策方式，群决策支持系统的结构可以进一步扩展。从系统设计的观点看，增加群体成员的数量仅导致决策支持系统节点间耦合通信渠道的增加；从群决策支持系统使用的观点看，随着群体规模的增加，群决策支持系统的效率也提高了。

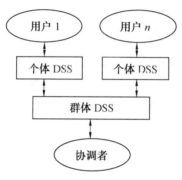

5.7　GDSS 与 DSS 的关系

GDSS 对个体决策的支持有三种职能：

①对个体决策的支持。

②通信支持。

③支持个体与群体其他成员进行磋商。

另一方面，GDSS 中对群决策的支持功能是：

①通过加强通信消除差异，或通过限制不必要的或情感式的相互作用，控制和协调参与者之间的关系。

②数据交流的控制。

③合适的群决策支持技术的自动选择。

④群决策的计算和解释。

⑤提出讨论个体差异或重新定义问题的建议。

3. GDSS 系统构成

GDSS 的决策过程可分解为五种活动类型：定向问题、评价问题、控制问题、紧张局势的管理问题和综合问题。这五种类型实际上也提出了 GDSS 职能内的任务和 DSS 模型各部件的分类。因此，GDSS 的设计应在首先强调群决策支持系统模型各部件的同时支持过程导向型和内容导向型决策任务；并支持 GDSS 分解为两个模型库：个体决策模型的模型库和群决策技术的模型库，即 GDSS 可分为个体决策支持子系统和群决策支持子系统。群决策由不同专业层次和负有不同责任的决策者使用不同的决策方法依次进行，因此，用于支持群决策的 GDSS 应同时支持群体的两种相互作用：

（1）在个体模型和群体模型之间维持输入/输出的相容性。

（2）允许多重访问。在 GDSS 中，存储于个体模型库中的单用户决策方法应该相互独立，但逻辑上与群决策方法相联系（如单用户多指标决策方法的输出是群决策模型的输入）。每个群体成员可同时运行不同的决策模型，也可使用多个通信渠道。

GDSS 职能和作用的两分性见表 5.3。

表 5.3　GDSS 职能和作用的两分性

	个人决策支持系统	群决策支持系统
作用	提供一个个人化的工具支持个体决策者，促进"偏爱"，半永久性或永久性	提供一种"通用"的工具支持集体决策，促进公平，偶然的或半永久性
职能	指导使用合适的决策工具，支持"电子"通信，支持其他用户与其他群体成员磋商模拟群决策情景	指导选择群决策技术，提供通信服务，解决、分解、消除个体差异

5.6　群决策技术在环境领域中的应用

5.6.1　河长制

在环境管理中，河长制是群决策技术的一个重要应用。2016 年 12 月，中共中央办公厅、国务院办公厅印发并实施《关于全面推行河长制的意见》。

河长制即由各级党政主要负责人担任河长，履行河湖管理保护第一责任人职责的制度体系，从而促进水资源保护、水域岸线管理、水污染防治、水环境治理等工作，构建责任明确、协调有序、监管严格、保护有力的河湖管理保护机制，为维护河湖健康生命、实现河湖功能永续利用提供制度保障。

《关于全面推行河长制的意见》的实施是落实绿色发展理念、推进生态文明建设的内在要求，是解决我国复杂水问题、维护河湖健康生命的有效举措，是完善水治理体系、保障国家水安全的制度创新。

河湖管理是一个复杂的问题，由于河湖的地理位置可能涉及很多地区，甚至会跨省区市、跨国，而水环境管理是一个整体，水环境局部之间都存在影响，因此若想把河湖等水环境治理好，需要群决策技术，即水环境所处的多个地方河长之间进行商讨，共同决策水环境的治理问题。

河长参与的群决策治理水环境的问题涉及很多内容，本书介绍两个主要的应用：河流污染物总量分配问题和跨界环境污染问题。

5.6.2　污染物总量分配问题

水环境容量是指在满足水环境质量的要求下，水体容污染物的最大负荷量。当污染源排出污染物的量大于水环境容量时,河流水质变差,因此要对污染源排放量进行控制和管理,使其不超过水环境容量。为了保证对污染源排放量的合理管控,需对一个区域的水环境容量进行合理的分配,这样才能保证水环境的环境质量达标。

而怎样进行合理分配是一个需要群体协商的问题。每个污染源的河长都有权发声,都是一个分配问题的决策者。这些河长之间具有某种利益冲突,因为他们都希望自己区域的污染源能够分配到更多的水环境容量负荷,向环境中排出更多的污染物,这样就可以减少环保设备的投入,并且提高企业生产产量,增加收益,因此污染物总量的科学分配十分重要。

污染物总量分配的问题可以利用群决策支持系统来完成。例如水污染物总量要在松花江流域 33 个控制区中合理分配,每个控制区都有一个河长,河长可作为群决策中的参与人,主持人可以是生态环境部门工作人员。主持人地位很重要,群决策具有一定规则,什么时候谁可以发言、如何发言、发言时间限制、发言内容的操作性和可信度等一系列问题都由主持人来控制。群决策的主题可定义为:污染物总量的合理分配问题。接下来考虑总量分配的影响因素,群体共同商议分配指标的选择及权重的确定,共同用决策支持系统进行模拟分配,若结果满意,则决策过程结束。若结果不满意,需要重新商议确定分配指标及所占权重,再次模拟,反复进行,直到 33 个控制区河长都满意,过程结束。整个过程均需主持人按照一定的规则进行。此部分内容可参见第 6 章 6.4.3 小节中流域水污染物总量目标分配模型的论述。

5.6.3　跨界环境污染问题

环境是连续的,例如一条河流,对于其水质的管理就是一个群决策问题。这条河流的某一段表面上治理好了,并不代表其环境质量真正提高了,还得看它周围与其连接的水域的污染状况,因为周边区域的环境质量对这段区域是有一定影响的。

《关于全面推行河长制的意见》中规定每个河段的河长是其负责河段污染的第一责任人,这样当涉及跨界环境污染时,可能涉及几个河段,就需要这几个河长进行群决策,怎样在适度满足自己利益的前提下,共同把边界区域的污染治理好。

跨界环境污染问题不仅会在国家内部出现,有时候还可能涉及国与国之间的跨界污染。例如 2005 年松花江水污染时,被硝基苯等污染物污染的松花江水就有可能流入下游俄罗斯境内的阿穆尔河内,这样就会涉及国与国之间的利益冲突,属于较高级别的群决策问题,因此必须引起高度重视,妥善解决。

第6章 流域水污染防治规划 决策支持平台系统

水污染防治规划决策支持平台是集成水环境形势分析与诊断模型、水污染预测模拟模型、总量目标分配模拟模型、水质预测模拟模型、水环境规划方案评估模型以及水环境规划投入贡献度测算模型系统的信息平台。平台设计为三部分:数据层、应用层和表现层。其中,数据层包括基础地形数据、水文数据、重点污染源监测数据、水质监测数据、气象数据、经济效益数据等。应用层包括对数据的处理和分析,提供 GIS 查询分析服务等;应用层的核心包括水环境形势综合指数模型、水污染预测模拟模型、总量目标分配模拟模型、水质预测模拟模型、水环境规划方案评估模型以及水环境规划投入贡献度测算模型。表现层包括模型模拟结果展示、决策支持应用展示等。该平台以松花江流域为示范,为水污染防治规划决策管理提供了实用的工具。

本章只对流域水污染防治规划决策支持系统做简单介绍,模型和平台的具体内容请详见蒋洪强等著的《流域水污染防治规划决策支持系统——方法与实证》一书。

6.1 系 统 概 述

6.1.1 水污染防治规划

水污染防治规划是指在水污染排放和环境质量现状评估以及水环境压力预测基础上,制定特定时期和范围水环境保护目标,确定实现水环境保护目标的任务、工程和政策措施的过程。目前,水污染防治规划是全国环境保护专业规划之一,同时也是全国环境保护规划的重要组成部分,在实践中与水污染防治规划相关的还有水环境保护规划、水环境综合整治规划、水质达标规划、主要水污染物排放总量控制规划、水资源环境保护规划、水生态保护规划等形式。在一些综合性的环境规划中,水污染防治规划往往是重要的规划内容。这些与水污染防治相关的规划目标间存在一些差异,但它们之间也相互关联。从规划的内涵来看,广义角度的水环境保护规划通常要宽于水污染防治规划,它还包含水资源保护和水生态保护的内容,但目前在国家层面的主要形式是水污染防治规划,本章也主要以水污染防治规划作为主要类型给予分析和介绍。

水污染防治规划目的在于实施水污染物总量控制和水环境质量目标管理,制定保证水环境质量达标的经济结构调整方案、污水处理厂建设方案、污染源治理方案等。通过分析和协调水污染系统各组成要素间的关联关系,并综合考虑与水质达标有关的自然、技术、社会、经济诸方面的联系,对排污行为在时间、空间上进行合理的安排,以达到预防水污染问题发生,促进水环境与经济、社会可持续发展的目的。水污染防治规划可以是针对当前的水体严重污染现状所做出的补救性规划,也可以是面向未来经济与社会发展所进行的预防性规划,前者侧重于污染控制,后者侧重于污染预防。

6.1.2　水污染防治规划决策支持系统

环境规划决策支持系统(Environmental Planning Decision Support System,EPDSS)是决策支持系统应用最早的领域之一,是决策支持系统引入环境规划和决策的产物,从决策支持系统理论提出以来,国内外在水污染防治规划决策、大气污染防治规划决策、环境应急系统以及研究环境与经济的协调发展等宏观环境决策方面都进行了大量的研究工作。水污染防治规划决策是众多环境规划决策中的一种类型,水污染防治规划的决策分析是在识别水污染主要问题,制定水污染治理目标和可行性方案后,根据一定的决策和优化原则,对各种方案进行分析、优化和筛选,以期选择出各方满意或环境、经济、社会效益最优的对策和方案的过程。水污染防治规划决策是水污染防治规划制定过程的最后一个环节。

6.1.3　流域水污染防治规划决策支持平台概述

流域水污染防治规划决策支持平台结合流域水污染防治工作的特点,以满足水环境近期和中长期规划编制、大时空尺度上统筹水环境的管理工作需要为目标,应用先进的软件工程技术、网络技术、数据库技术、数据挖掘技术等手段,以松花江流域统计数据为基础,集成环境形势诊断模型、水污染预测模拟模型、水环境规划目标分配模拟模型、水环境质量预测模拟模型、水环境规划方案优选评估模型、水环境规划投入贡献度测算模型,构成一个丰富、自主灵活的规划决策支持平台。

建立平台的步骤为:

(1)完成流域经济社会、地理数据、水环境质量、水文水资源、污染物排放等数据的时空分布基础数据库的建立,实现以控制单元、子单元、监测断面为单位的输入—响应关系的数字化和图形化。

(2)根据综合指标体系和水环境形势诊断分析模型,对松花江流域水环境经济形势进行诊断与预警。

(3)采用复杂方法或简单方法分别预测 GDP、人口(农村、城镇)、城镇化率、各行业增加值,以此为基础对松花江流域在未来发展中的用水量及水污染物排放量经济合理预测。

(4)在预测未来污染物排放量的基础上,结合实际情况(现状),每个控制区进行污染物排放量削减,调整合理的削减目标,保证未来水环境质量达标。

(5)利用流域水文模型,结合削减后的污染源数据输入,模拟预测松花江流域未来水环境质量总体变化趋势。

(6)根据污染物削减量,构建多目标优化模型,设计基于 MATLAB 的多目标遗传算法进行求解,从而确定各控制单元污水处理厂建设方案的最优解集。

(7)利用投入产出表,计算规划投入对经济发展和环境改善的宏观贡献。

平台对多个模型进行了无缝集成,提高了复杂模型的运行效率。建成后的流域水污染防治规划决策支持平台能有效组织信息资源,有助于为我国流域水环境管理提供基本保障,使流域水环境管理工作具有系统性和前瞻性以及增强对未来水环境变化的预警和应对能力;大大提高流域水环境管理的科学性,避免以往中长期水环境保护战略制定过程的"拍脑袋"型决策,使流域的水环境管理工作具有科学依据和一定程度的规范性,同时有利于形成我国水环境保护和水污染防治的长效机制。平台以松花江流域为示范进行模拟运行,以实现松花江流域的水污染控制及科学有效地对流域水环境进行管理的目的。

6.2　典型流域规划决策支持平台框架设计

　　流域水污染防治规划决策系统是一个极其复杂的动态变化系统,其中存在许多不确定因素。因此,人们对于未来社会发展做出的预测总是存在或大或小的偏差。在流域规划的实施过程中,需要不断地将规划状态与实际环境状况以及未来发展趋势进行比较,然后进行决策,提出相应的对策。当偏差较大时,必须及时根据实际情况对环境规划进行修订,保证环境规划的科学性。环境规划的制订、实施是一个动态过程。环境规划过程是一个科学决策过程,其编制程序一般分为功能区划分、调查评价、污染趋势预测、制定目标、拟订方案和优化方案五个步骤。系统能够以各种不同的方式在以上各步骤中给规划人员提供支持和辅助,同时还能够对水环境管理人员实施流域规划提供支持,辅助管理人员对流域规划进行修订。

　　由于流域水污染防治规划具有较强的空间属性,因此基于 GIS 空间分析技术的流域规划决策支持系统可建立"现状—情景—预测—规划"的动态实时反馈响应链接,通过在地图上拖拽、参数设定等方式,将发展情景设定、质量模拟、目标调整、处理设施选址等内容实现地图交互操作和实时动态显示反馈,使规划更加"生动形象"、更加具体,实现真正的空间分析而非仅仅地图展示,从而提高规划的编制水平和效率,达到"半自动化"规划。为了体现更好的操作性,下面以流域规划为例,建立流域规划决策支持系统的基本框架,包括业务需求、核心功能设计、框架构建及软硬件设计等内容。

6.2.1　基于 GIS 的流域规划决策支持业务流程

　　传统的流域规划遵循一般的环境规划的业务流程,即现状分析—趋势预测—制定目标—优化方案—完成规划。其主要规划目标在于污染物总量控制和流域水质控制,落脚点在于污染物减排手段,如末端治理和结构调整等。本研究在传统的规划流程的基础上进行了优化,增加了流域发展情景设定环节和规划优化反馈机制,从而实现规划流程的动态"可逆",基本流程(图 6.1)如下:

　　(1)收集流域历史相关数据,包括经济、社会、人口、资源、环境等方面,并将数据以空间、时间两种形式梳理,从而明确流域现状,识别环境问题,尤其时期空间分布特征。

　　(2)预测流域未来社会经济和资源环境发展趋势。这其中需要建立多方案情景,如高经济发展模式、城市化快速发展模式等,根据流域内各区域未来经济,尤其是产业发展规划,设定情景方案。同时建立多种预测模型,包括趋势分析、回归分析、马尔科夫法等。在这里,同时对目标年份各种相关参数系数给予合理预测,如污水处理率、人均用水量、中水使用率等。最终可以预测未来污染物产生量以及排放量等定量化数据,并将这些预测值按照区域、流域、行业等方面进行分配。

（3）借助流域水质预测模型（如 Sparrow 模型、SWAT 模型），根据上一步骤中污染物排放总量预测结果，合理预测流域水质状况，并将其分配到流域水系中。这其中需要流域水质、水文、地形等多源数据。

（4）根据流域环境容量以及环境功能分区，制定多种流域规划方案，方案包括流域污染物排放控制目标（如 COD 和氨氮）、流域水质目标以及投资方案。

（5）将方案污染物总量目标与预测排放量进行比较，获得污染物削减目标；通过设定流域污水设施建设规划目标，实现削减目标；借助 GIS 空间分析功能，对污水处理设施选址进行合理布局，达到流域水质目标。对方案目标和投资目标进行分析，如果达到方案当初设定标准，规划方案完成；如果未达到，对规划方案或流域发展情景进行调整，重新模拟预测污染物排放总量及水质状况，并再次比较方案，直至达到方案目标为止。

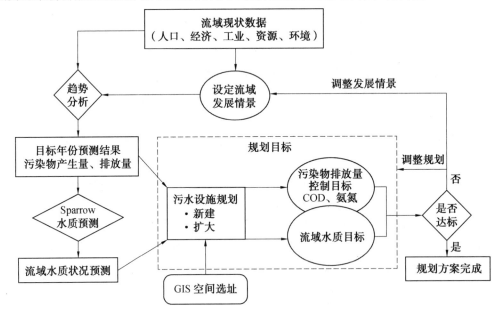

图 6.1　基于 GIS 的流域规划决策支持业务流程

由于上述流程需要实现流程各步骤的无缝链接和反复回馈，因此，借助 GIS 强大的空间功能，利用人图交互方式，有利于方案的不断优化。

6.2.2　流域水污染防治规划决策系统的一般框架

环境规划决策支持系统一般主要包括环境现状评价子系统、环境经济趋势预测子系统、环境功能区划分子系统、环境目标制定子系统、环境方案制定及优选子系统、环境规划费用效益分析子系统等（图 6.2）。它具有很强的专业性和业务性，涉及环境规划业务流程中的数据的输入输出、查询功能、预测分析、空间分析、辅助决策、推理判断、决策成果展示和比较等多项功能。需要结合 ES、GIS、DSS 进行决策分析，这是因为 ES 是人工智能中的一个重要领域。利用模型与某一领域专家的知识进行推理，从而做到方案的选取、多方案选优等决策机制。它面对的问题大多为非结构化问题，难以用结构化的过程性语言来描述，而要用到专家的经验和知识。ES 的最大特点是能利用自然的语言或简单的脚本语言与系统交互,系统内部根据用户提供的信息,进行分析、模拟、预测等信息处理过程。由此,环境决策支持系统可以借助 ES 来控制信息的推理,以达到与决策者交互的目的。

在环境规划决策支持系统中,当前最新的 3S 技术可以为环境规划管理的空间决策提供全面的技术支持。遥感(RS)技术是迅速获取环境信息的有效途径;全球定位系统(GPS)技术可以提供研究范围内特征物的定位信息;地理信息系统(GIS)技术是充分处理、分析与表现环境信息的良好手段。结合专家系统(ES)的方案决策评估、指导作用,共同组成了可人机交互的、具有较强空间分析和处理能力的环境决策支持系统。

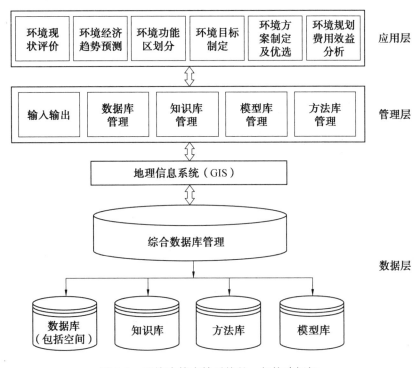

图 6.2　环境决策支持系统的一般构建框架

环境规划决策支持系统由五个部分组成:数据库、模型库、方法库、知识库和用户界面。

数据库、数据仓库是系统的数据管理和支持部分,主要为各功能模块提供所需的数据。环境数据仓库是通过数据仓库管理系统(DWMS)和数据库管理系统(DBMS)进行管理的。通过决策支持界面协调数据库、数据仓库及数据管理系统之间的数据调度,有效地对数据进行检索、查询等操作。

模型库、知识库是决策支持的基础,决策支持功能的强弱取决于环境模型是否科学与高效,它们是决策支持系统研发的主体,也是难点和特点所在,直接影响系统的决策支持能力以及实用性和灵活性。模型库的建立要符合实际,知识库是计算机进行推理的基础和前提,关键技术在于知识的获取和解释、知识的表示、知识的推理以及知识库的管理和维护。

方法库是实现模型库和知识库工作的"原材料"。将方法库中的各种数学模型和方法应用于环境规划管理中,通过计算机和程序化方式包装成解决特定环境问题的环境模型。作为常见的方法,联机分析、空间分析是数据分析、模型(知识)推理的工具;联机分析处理采用切片、切块、旋转等基本动作实现对数据的多维分析;空间分析通过叠加、缓冲、聚类、差值等分析手段获得有价值的环境信息。环境决策支持系统通过实现以上各种分析方法的集成,将模型和方法的有效结合,将数据挖掘与知识互补充,从而极大提高系统的分析能力。

在一个完整的环境规划决策支持系统中,环境系统的大量历史数据、实时数据都能通过计算机的数据库进行管理。环境决策支持系统是以数据中心的属性数据、空间数据以及相关参数为基础,利用方法库、模型库、知识库,通过数据(数据驱动)、模型(模型驱动)和知识(知识驱动)提供专家咨询和辅助决策,通过应用人机交互的辅助决策系统为决策制订方案提供科学依据。

6.2.3　基于 GIS 的流域规划决策系统总体框架构建

图 6.3 是基于 GIS 的流域规划决策支持系统逻辑框架图。

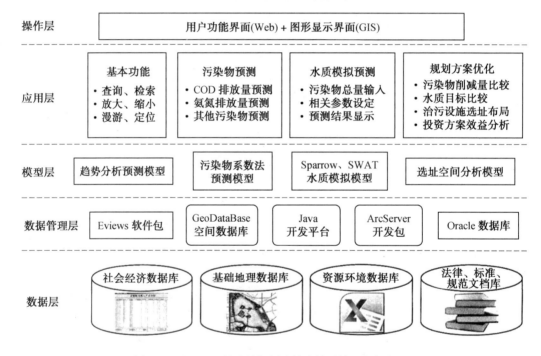

图 6.3　基于 GIS 的流域规划决策支持系统逻辑框架图

1. 数据层

数据层主要指系统中所涉及的各种数据,包括社会经济数据库、基础地理数据库、资源环境数据库和法律、标准、规范文档库。

社会经济数据库主要用于存储流域内各区域历年 GDP、总人口、城市人口、城市化率、工业总产值、工业增加值等数据。

资源环境数据库主要用于存储流域内历年资源消耗量和环境污染物排放量数据,其中资源包括土地、水;能源主要指煤炭、石油、可再生能源等;污染物主要包括 COD、氨氮等数据。

基础地理数据库主要用于实现各种空间分析和展示的数据,包括行政区划、DEM、遥感、河湖水系、监测断面点位和土地利用等空间数据,同时空间数据应与人口、经济及资源环境数据实现连接。

2. 数据管理层

数据管理层主要指系统中所涉及的软件支持,主要包括用于存储数据的 Oracle 数据库;用于实现 WebGIS(网络地理信息系统)功能的 ArcServer 开发包;实现 B/S 结构的 Java 开发平台;实现空间数据存储和管理的 GeoDataBase 空间数据库;实现统计计算分析的 Eviews 开发包。

3. 模型层

模型层是指系统中所涉及的各种抽象数学方法和模型,从而用于模拟、分析、预测等功能。主要包括用于污染物预测的趋势分析预测模型和系数法预测模型;用于水质模拟预测的 Sparrow、SWAT 模型;用于污水治理措施选址的选址空间分析模型等。

4. 应用层

应用层主要指系统能够提供的主要应用功能,包括数据查询检索、放大缩小等基本 GIS 功能;COD、氨氮和其他污染物预测功能;流域水质模拟预测、输出、展示等功能;方案目标比较、设施布局和投资效益分析等规划优化功能。

5. 操作层

操作层主要指实现用于与系统相互交流的操作界面,主要包括基于 Flash 的网页界面和基于 ArcGIS 的地图界面两种交互模式。

6.3　流域水污染防治规划决策支持平台数据库

6.3.1　数据库建设

数据库建设系统采用 ODBC 数据源的方式调用数据库,可读取本地微软 Access 数据库或远程微软 SQL Server 数据库。

1. Access 数据库

Access 是微软公司推出的基于 Windows 的桌面关系数据库管理系统,它提供了表、查询、窗体、报表、页、宏、模块 7 种用来建立数据库系统的对象;为建立功能完善的数据库管理系统提供了方便,使普通用户不必编写代码就可以完成大部分数据管理的任务。与其他数据库相比,其功能结构简单便于操作和维护。

2. SQL Server 数据库

作为微软公司推出的一种关系型数据库系统,SQL Server 是一个可扩展的、高性能的、为分布式客户机/服务器计算所设计的数据库管理系统,实现了与 Windows 系统的有

机结合,提供了基于事务的企业级信息管理系统方案。其主要特点如下:

(1)高性能设计,可充分利用 Windows Server 的优势。

(2)系统管理先进,支持 Windows 图形化管理工具,支持本地和远程的系统管理和配置。

(3)强壮的事务处理功能,采用各种方法保证数据的完整性。

(4)支持对称多处理器结构、存储过程、ODBC,并具有自主的 SQL 语言。

SQL Server 以其内置的数据复制功能、强大的管理工具、与广域网的紧密集成和开放的系统结构为广大的用户、开发人员和系统集成商提供了一个出众的数据库平台。

6.3.2　数据库系统

1.系统概述

数据库系统包括属性数据库和空间数据库。属性数据库包括松花江流域基础信息数据库和费用效益数据库;空间数据库包括数字高程、土地利用、土壤等图件。数据库系统采用 ODBC 数据源的方式调用数据库,作为平台 6 个模型系统的输入数据,用于模型计算。

2.系统功能和成果

(1)属性数据库管理。

属性数据库包括基础信息数据库和费用效益数据库。其中基础信息数据库按类别分为经济社会数据、水文数据、水污染排放数据和水质监测数据。费用效益数据库分为投资费数据库和运行费数据库。

属性数据库可按字段进行查询。例如在基础信息数据库—水污染排放—工业企业数据库中,按字段"市"从大到小的顺序进行排序。数据库按照"兴安盟—齐齐哈尔市"的顺序显示。系统可在当前排序下选择包含"兴安盟"的数据,则数据库可按照查询条件进行筛选。同时,系统可将所选数据进行导入、导出,以及添加新的数据。

(2)空间数据库管理。

空间数据库包括数字高程、土地利用、土壤类型等图件。系统支持对各个空间数据进行放大、缩小、选择、移动、保存成专题图等。

6.4　流域水污染防治规划决策支持平台模型库

6.4.1　水环境经济形势诊断与预警模型

1.模型概述

流域水污染防治规划决策支持系统是关于流域规划的全流程系统,该系统第一步便是对流域水环境形势进行分析诊断,以此为基础进行流域压力预测、水质目标确定、排总量分配等规划工作。该模型以松花江流域为示范,探索研究流域水环境形势分析与诊断方法,深入分析流域水环境形势诊断与预警技术,为流域规划决策支持平台做好基础工作。在环境形势分析中,社会经济要素与环境的相互影响比较复杂,如何反映社会经济对于环境的作用较为关键。本研究拟建立流域水环境形势诊断的指标体系,选择合适方法进行形势综合诊断和预警,以此把握社会经济指标与环境联动态势的关系,为流域水污染防治规划提供决策支持。

本模型功能总结如下:以松花江流域为示范,探讨研究流域水环境形势诊断方法,包括水环境质量诊断和水污染排放情况诊断,从而判断水环境形势等级现状;并通过对比连续两年的等级情况,得出水环境变化趋势,并进行相应的预警。

2. 水环境形势诊断方法

针对"监测断面—控制单元—控制区—流域"四个层面构建水环境形势的诊断与预警框架,具体指标从社会经济—污染排放—环境质量角度选取,形成水环境质量形势、水污染排放形势两个大的指标,基于这两大指标计算控制单元、控制区、流域水环境指数,表征其水环境形势。水环境形势诊断技术路线如图6.4所示。

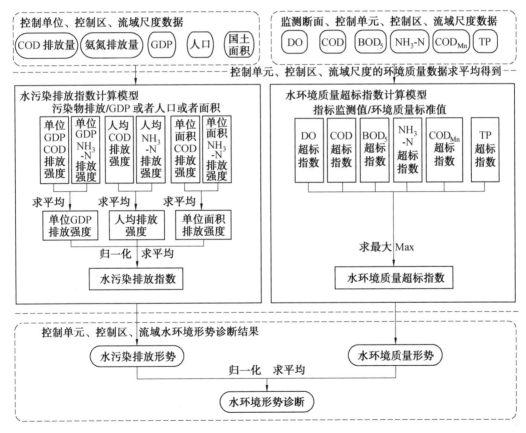

图 6.4　水环境形势诊断技术路线

水环境形势诊断计算方法如下：

（1）水环境形势诊断指数计算。

水环境形势诊断指数通过两个指标表示：经济人口与污染物排放总量的水污染排放指数，水环境质量形势指数（水环境质量超标指数）。方法为指标等权重加权求和。诊断指数：

$$Q = Q_1 W_1 + Q_2 W_2 \qquad (6.1)$$

式中：Q_1 为水环境质量形势指数；W_1 为其权重；Q_2 为水污染排放指数；W_2 为其权重。

综合指数是两个指数的加权值。本研究取 $W_1 = W_2 = 0.5$。

（2）水环境质量形势指数计算。

水环境质量形势指数通过监测指标的超载率表征。以溶解氧（DO）、高锰酸盐指数（COD_{Mn}）、五日生化需氧量（BOD_5）、化学需氧量（COD）、氨氮（NH_3-N）和总磷（TP）等主要污染物的年均浓度作为环境承载量，以各项污染物的标准限值来表征环境系统所能承受人类各种社会经济活动的阈值（限值采用《差水环境质量标准》中规定的Ⅲ类水质标准），各项污染指标的水环境质量超载率计算公式如下：

当 $i = 1$ 时：

$$R_{水ik} = S_i / C_{ik} - 1 \qquad (6.2)$$

当 $i = 1,2,3,4,5,6$ 时：

$$R_{水ik} = C_{ik} / S_i - 1 \qquad (6.3)$$

式中：i 表示污染物，$i = 1,2,3,4,5,6$ 分别对应 DO、COD_{Mn}、BOD_5、COD、NH_3-N、TP；k 表示某一监测断面，表示监测断面个数；$R_{水ik}$ 表示第 k 个断面第 i 项水污染物的超载率；C_{ik} 表示第 k 个断面第 i 项水污染物的年均浓度，S_i 表示第 i 项水污染物的Ⅲ类水质标准限值。

对于监测断面，水环境质量形势指数（水环境综合超载率）评价模型为

$$Q_1 = \max(R_{水ik}) \qquad (6.4)$$

对于控制单元、控制区或者流域的 DO、COD_{Mn}、BOD_5、COD、NH_3-N、TP 的环境质量值，用其境内所有监测断面的相应指标的平均值表征，然后采用与监测断面相同的评价方法计算超载率。

（3）水污染排放指数计算。

本研究通过单位 GDP 排放强度、人均排放强度、单位面积排放强度表征水污染排放指数。通过该指标可以判断社会经济发展与污染物排放的不协调性，进而判断其环境形势。对于水污染排放过高的地区，采取淘汰、转移落后产能措施、提高污染治理水平等措施，减少对环境的污染。该指标公式为

$$Q_2 = Q_{GDP} W_{21} = Q_{POP} W_{22} = Q_{Area} W_{23} \qquad (6.5)$$

式中：Q_{GDP} 表示单位 GDP 排放强度，用污染物排放量与 GDP 的比值表示，W_{21} 为其权重；Q_{POP} 表示人均排放强度，用污染物排放量与人口的比值表示，W_{22} 为其权重；Q_{Area} 表示单位面积排放强度，用污染物排放量与所对应区域的国土面积表示，W_{23} 为其权重。这里 W_{21}、W_{22}、W_{23} 都取 1/3。

单位 GDP 排放强度 Q_{GDP} 为

$$Q_{GDP} = Q_{1COD} \times W_{1COD} + Q_{1氨氮} \times W_{1氨氮} \tag{6.6}$$

式中：Q_{1COD} 为单位 GDP 的 COD 排放强度，W_{1COD} 为其权重；$Q_{1氨氮}$ 为单位 GDP 的氨氮排放强度，$W_{1氨氮}$ 为其权重。

如果某一年份单位 GDP 排放强度过高，则表明该地区污染物排放相对经济发展不均衡，其污染物排放量过多(经济则没有相应的发展)。对于这种粗放式发展，需要采取一定措施提高经济发展效率。

人均排放强度 Q_{POP} 为

$$Q_{POP} = Q_{2COD} W_{2COD} + Q_{2氨氮} W_{2氨氮} \tag{6.7}$$

式中：Q_{2COD} 为单位人口(人均)COD 排放强度，W_{2COD} 为其权重；$Q_{2氨氮}$ 为人均氨氮排放强度，$W_{2氨氮}$ 为其权重。

如果某一年份人均排放强度过高，则表明该地区污染物排放相对社会发展不均衡，其污染物排放量过多。对于这种情况，需要采取一定措施降低污染排放强度。

单位面积排放强度 Q_{Area} 为

$$Q_{Area} = Q_{3COD} W_{3COD} + Q_{3氨氮} W_{3氨氮} \tag{6.8}$$

式中：Q_{3COD} 为单位面积的 COD 排放强度，W_{3COD} 为其权重；$Q_{3氨氮}$ 为单位面积的氨氮排放强度，$W_{3氨氮}$ 为其权重。

如果某一年份单位面积排放强度过高，则表明该地区污染物排放量过多，而境内没有相应的纳污能力。

3. 水环境形势预警方法

水环境形势预警技术路线如图 6.5 所示。

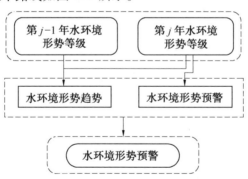

图 6.5　水环境形势预警技术路线

计算方法如下：控制单元、控制区或者流域的水环境形势预警，主要根据水环境形势现状及其变化发展趋势(水环境形势趋势)进行判断，将预警级别划分为蓝色、黄色、橙色、红色 4 个等级，见表 6.1。

表 6.1　水环境形势预警级别

预警级别		水环境形势现状				
		优	良	中	差	很差
发展趋势	变优	不预警	不预警	蓝色	黄色	—
	稳定	不预警	蓝色	黄色	橙色	红色
	变劣	—	黄色	橙色	红色	红色

　　注:蓝色、黄色、橙色、红色 4 个预警级别,严重程度依次加重,蓝色为最低级别预警,红色为最高级别预警。

　　水环境形势现状即当年某一地区水环境形势判断等级。对于水环境形势发展趋势,根据环境形势现状与上一年的对比,划分为变优、稳定、变劣三种类型。

6.4.2　流域水环境压力预测与分析模型

1. 模型概述

　　为了践行科学发展观,走绿色发展之路,实现松花江流域经济社会和生态保护协调发展,有必要对松花江流域在未来发展中的用水量及水污染物排放量进行经济合理的预测,以此制定出合理的污染物排放总量控制目标,保证流域污染物排放量不超过水环境的承载能力,促进水环境保护和地区经济社会协调发展。

　　本模型以松花江流域为示范研究对象,基于松花江流域未来经济社会发展趋势变化,结合流域经济增长不同情景、发展方式的不同转变、技术进步、工程治理措施等统筹搭建未来松花江流域经济发展及人口变化情况下用水量及污染物排放量的预测模型,并以此为基础测算污染治理投入,从而为"十三五"污染防治规划及总量减排目标制定提供科学借鉴意义。

2. 研究思路与框架

　　流域水环境压力预测模拟模型主要针对未来流域中长期水污染物产排放趋势进行预测,分析在不同的经济社会发展情景下的水污染产生排放形势,揭示流域经济社会发展和水环境之间的内在联系,并据此确定未来流域主要水污染总量控制目标。流域水环境压力预测模拟模型系统主要包括经济社会预测子系统、水资源消耗预测子系统、水环境污染预测子系统三个部分。在该模型系统中,经济社会活动起主导作用,经济总量、结构、增长速度和产业布局对水环境有决定性的影响,生产、消费行为既对水环境产生压力,同时也提供了水污染治理的能力。未来对水环境的需求将主要来自经济社会领域,而对水环境的改善也依赖于经济结构、生产和消费结构的调整来实现。可以说,经济社会活动的规模和范围决定未来水环境状态。

　　本节结合流域经济增长不同情景、发展方式的不同转变、技术进步、工程治理措施等因素建立不同水污染物产生量、排放量和污染治理投入的动态模拟预测模型与方法,特别是对流域水污染物产生系数、排污系数、治理投资与运行费用系数的修正,研究经济社会发展的不可控性、技术进步因素对流域污染减排目标实现的不确定性问题。流域经济与水环境预测情景研究技术路线如图 6.6 所示。

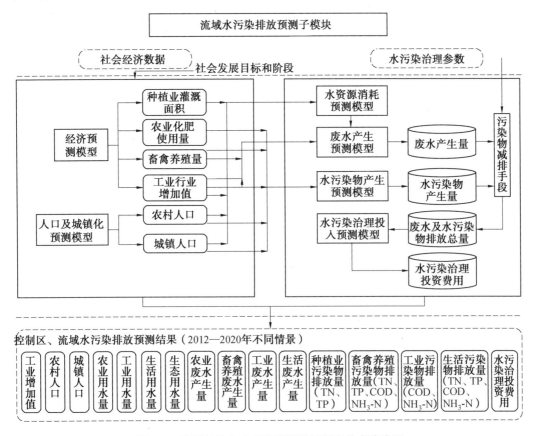

图 6.6　流域经济与水环境预测情景研究技术路线图

3. 水资源压力预测

预测内容如下:

(1)农业用水量预测。

农业用水包括农田灌溉和林牧渔用水,农田灌溉用水量为除干支渠损失以外的新鲜水量,林牧渔用水包括果树、苗圃灌溉和鱼塘补水等。农田灌溉用水量根据有效灌溉面积和单位面积灌溉用水量测算,然后利用灌溉用水量占农业总用水量的比例测算农业总用水量。

(2)工业用水量预测。

工业用水量利用各行业增加值和各行业的单位增加值用水量测算(分新鲜水取水量和用水量两个指标预测)。

（3）生活用水量预测。

生活用水包括城镇和农村生活用水,其中城镇生活用水包括城市、县镇(县城建制镇)的居民住宅和公共设施用水以及环境补水,农村生活用水包括农村居民和牲畜用水。

（4）生态用水量预测。

$$生态用水量 = (农业用水量 + 工业用水量 + 生活用水量) \times \frac{\gamma}{1 - \gamma}$$

式中:γ 为生态系统占总用水量的比例。

4. 废水及污染物产排放压力预测

在农业、工业、生活三个方面分别预测的内容是:

（1）废水及污染物的产生量:根据各个领域、各个行业的实际情况进行预测。

（2）废水及污染物的排放量:此数值根据目前污染物减排水平及未来发展趋势进行预测。

（3）废水治理投资和运行费用。

①废水治理投资费用。

$$治理投资 = 新增设计处理能力 \times 单位废水治理投资系数 \tag{6.9}$$

$$新增设计处理能力 = 当年设计处理能力 - 上年设计处理能力 + 当年报废处理能力 \tag{6.10}$$

$$当年报废处理能力 = 设备折旧率 \times 上年设计处理能力 \tag{6.11}$$

$$当年设计处理能力 = 当年实际处理能力/处理设施正常运转率/ 运行安全系数 + 上年设计处理能力 \times 0.05 \tag{6.12}$$

$$当年实际处理能力 = 当年废水处理量/365 \tag{6.13}$$

②废水治理运行费用。

$$废水处理量 = 废水产生量 \times 废水处理率 \tag{6.14}$$

$$运行费用 = 废水实处理量 \times 单位废水运行费用系数 \tag{6.15}$$

废水及水污染物预测技术路线如图6.7所示。

该模型的重要作用是确定未来污染物总量控制目标,即根据预测的未来废水和污染物排放量为基础,确定高、中、低标准的污染物总量控制目标。

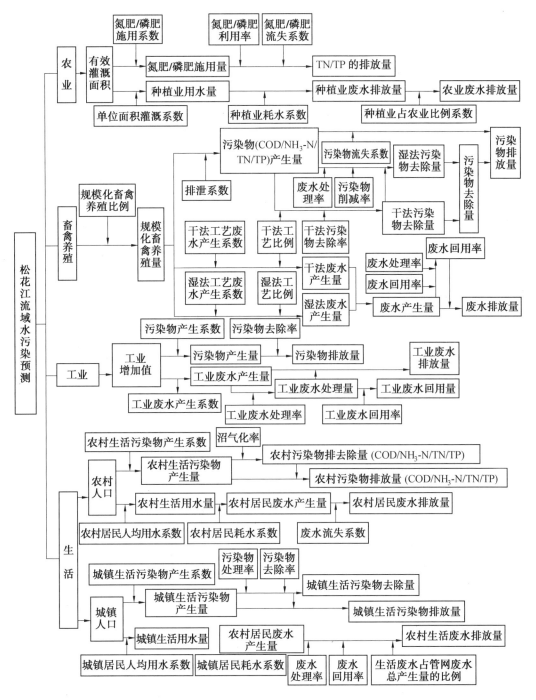

图 6.7　废水及水污染物预测技术路线图

6.4.3 流域水污染物总量目标分配模型

1. 模型概述

污染物总量控制和环境质量改善是流域水污染防治规划的双控目标,总量控制目前仍然是各地方政府用以实现地区环境质量改善的有效途径和重要抓手。总量分配方案的制定一直是一个有争议的话题,其不仅体现在经济-环境的博弈上,也体现在区域-流域边界的不匹配上,在以往几个五年规划中对流域层面污染物总量分配指标体系尚缺乏系统、清晰、明确的考虑,分配方案制定过程中也缺乏考虑流域水环境管理需求的污染物总量分配方式,本质上还是基于区域的分配方式,并不能满足流域水污染防治的科学需求。实际上,我国各地域间在社会经济条件、减排潜力、资源环境禀赋、发展模式和路径等方面存在较大差异,考虑区域间差异性特征,处理好各种矛盾,制定出既在经济技术上可行、又公平合理的分配方案具有极其重要的现实意义。本模型试图从客观公平的角度入手,开展基于基尼系数法的流域主要水污染物总量分配模拟,充分体现地域上自然资源和环境状况的异质性原则,系统解析影响流域主要水污染物总量分配的要素和特征指标,合理选择能体现公平性、易为各方认可的总量分配方法,收集整理指标体系对应的基础数据,最终以松花江流域为实证开展应用,为国家流域水污染防治规划决策一体化模拟平台的搭建提供技术支撑,并为其他流域的水环境科学管理提供参考和借鉴。

水污染物总量控制目标的分配是指依据一定的模型方法,根据排污地点、污染源的数量和种类、污染源治理水平、技术和经济承受能力、环境容量大小和利用条件、未来经济社会发展趋势和污染物排放趋势等因素,对水污染物(如 COD)总量控制目标进行分配的过程,分配对象包括具体的流域、行政区或污染源等。它是一项系统工程,涉及社会经济、技术、自然环境、管理、资源等各种领域的问题,而且与各地社会经济发展的剩余空间受限水平紧密相关。水污染物总量分配应该坚持何种具体原则,应与总量控制要实现的政策目标紧密一致。其作为水环境管理的一项重要政策手段,体现水污染物总量控制的主要政策目标有四个:

(1)在符合国家总体社会经济发展和环境管理目标的前提下,循序渐进实施总量控制。

(2)在不同流域和地区实施有差异性的总量管制要求。

(3)要促进产业结构的调整,实现环境资源的合理配置,优化产业布局。

(4)要考虑各地削减能力,系统优化总量分配削减方案,提高总量控制手段的政策效率。

2. 分配思路

本研究从污染物总量控制与环境质量改善相结合的角度,深入研究和创新流域水污染防治规划目标——水污染物总量控制目标(主要是 COD 和 NH_3-N)的分配模拟,并以松花江流域为示范,从促进流域水污染物减排和维护流域水环境安全出发,探索研究流域主要水污染物总量分配模型方法,系统解析影响主要水污染物减排的关键分配要素,以及这些要素的特征指标,构建流域主要水污染物总量分配指标集,开展松花江流域主要水污染物总量分配模拟研究。通过模拟预测,获得"十三五"期间松花江流域各控制单元主要水污染物总量控制方案,从而为我国的流域水环境管理提供科学依据,并为流域水污染防治规划决策支持平台的集成开发做好支撑工作。

(1)时间范围。

由于分配的目的是为"十三五"国家制定的流域污染物总量目标决策服务,因此本模型对流域主要污染物进行总量分配的时间范围也是 2015—2020 年,基准年为 2012 年。

(2)空间范围。

本研究开展松花江流域主要水污染物总量分配方法研究,研究的空间范围与重点流域水污染防治规划中松花江流域空间范围保持一致。从区域层面来看,包含黑龙江省、吉林省和内蒙古自治区 3 个省份在内的共计 26 个地市、173 个区县;从流域层面来看,包含黑龙江省、吉林省和内蒙古自治区 3 个省区在内的共计 33 个控制单元。

(3)模拟指标。

本研究进行总量分配的对象为松花江流域主要水污染物,具体模拟指标包括化学需氧量(COD)和氨氮(NH_3-N)两项。

3. 技术路线

松花江流域主要水污染物总量分配模拟研究遵循如下技术路线:

(1)将各总量分配指标进行归一化处理,构建基尼系数指标,反映了单位指标的污染物负荷差异性状况。

(2)以各控制单元的污染物现状排放量作为初始分配基数,分别绘制各指标的洛伦兹曲线,各指标洛伦兹曲线构造如下:将用于收入分配公平性的洛伦兹曲线的纵坐标的收入累积百分比替换为污染物排放量累积百分比,相应地,横坐标的人口累积百分比替换为各指标的累计百分比,用以衡量基于各指标的污染物排放量公平分配情况,这样就可得到 7 项总量分配指标的洛伦兹曲线。

(3)各分配指标的洛伦兹曲线中,按照各总量分配指标的单位污染物排放量,计算排序后污染物总量分配指标的累积百分比和污染物排放量的累积百分比,计算各总量分配指标的污染物总量分配基尼系数,并分析各基尼系数评估分配方案的合理性。

(4)以各分配指标对应的基尼系数之和最小为目标函数,根据主要污染物削减的受限条件和各参量之间的计量模型,利用 Lingo 编程软件,采用多约束单目标线性规划方法求取最优解,得到决策变量各分配对象的削减率,确定最终总量分配方案。具体技术路线如图 6.8 所示。

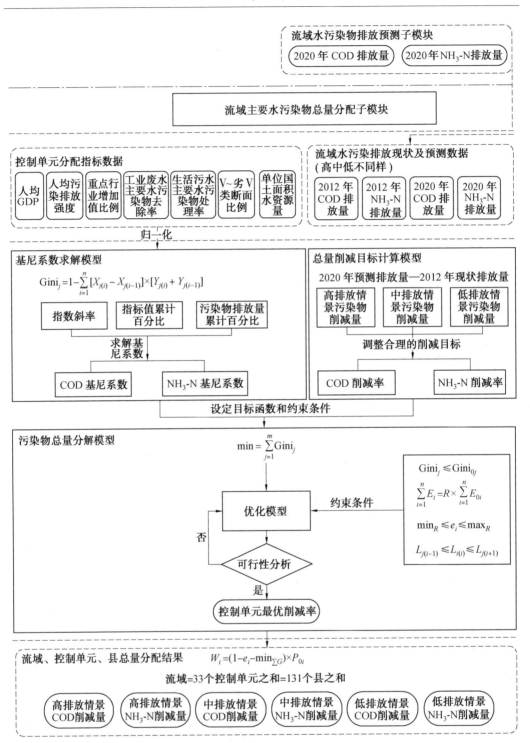

图 6.8　流域水污染物总量目标分配技术路线图

4. 总量分配的基本原则

污染物总量分配应该坚持何种具体原则,取决于我国的污染物总量管理要实现的政策目标。我国污染物总量环境的主要政策目标可归为:

(1) 在符合国家总体社会经济发展和环境管理目标前提下,循序渐进地实施污染物总量控制。

(2) 不同流域和地区实施不同的总量管制要求。

(3) 促进产业结构的调整,实现环境资源的合理配置,优化产业布局。

(4) 考虑各地削减能力,系统优化总量分配削减方案,提高总量控制手段的政策效率。

从这四个污染物总量控制需实现的政策目标可看出,污染物总量管理政策的制定需循序渐进、考虑区域的环境资源异质性特征、考虑总量减排对经济的优化作用、考虑各地的削减现状和削减潜力,总量分配方案应紧密围绕各地区的主要污染物削减来进行设计。

基于此,本研究认为主要污染物总量分配方案设计应该坚持以下原则:

(1) 分配方案要保证各地区水环境与大气环境达标,这是总量分配方案设计的前提。

(2) 分配方案要具有可操作性,总量控制分解要体现各省区市同等的减排努力,即体现各省区市排放控制的技术潜力,这是总量分配方案设计的根本。

(3) 分配方案要体现公平性,各省份或者人人都有发展的权利、获得高生活水平的权利和污染物排放权利,总量分配方案应体现此点,这是总量分配方案设计的核心。

(4) 分配方案要充分考虑各地区的地域性特征,比如经济水平、减排资金投入能力、公众生活水平的受影响程度。

5. 总量分配的影响因素

基于上述总量分配的基本原则,确定影响污染物总量减排分配的各项因素,并进一步解析表征各影响因素的关键指标。根据对已有研究文献的回顾分析,对流域内主要水污染物的总量减排分配主要从水循环的社会和自然"二元"角度来解析其影响因素,其中社会活动主要体现在经济社会和人类生产中的污染物产排放差异,这里将影响总量减排的社会因素归纳为四类:人口和经济规模影响因素、产业结构影响因素、科技进步影响因素和污染治理影响因素。这些因素决定着某个地区的污染物产生、削减和排放水平。其中,对不同影响因素所选择的表征指标可能会存在一定差异,本研究的关键在于如何根据研究目标和研究对象的客观实际情况来选择适当的表征指标。

此外,自然活动主要体现在自然水循环过程中的资源禀赋差异,这里将影响总量减排的自然因素归纳为两类:水资源影响因素和水环境质量影响因素。对一个地区而言,水环境可接受的污染物排放量与水资源量紧密相关,区域的水资源越丰富,则区域内水资源承载力相对就较大。此外,还与水环境质量优劣紧密相关,水环境质量越好,则水环境可接受的水污染物排放量越大;水环境质量越差,则水环境可接受的水污染物排放量越小。因此污染物总量减排方案设计应该充分考虑各地区资源禀赋等因素差异。

综上并结合国际上关于污染物总量减排影响因素的分解研究,以及我国主要水污染物减排管理需求分析,本研究认为针对流域主要水污染物 COD 和 NH_3-N 的总量分配方案设计需考虑以下四个方面的因素:社会经济影响因素(包含人口和经济规模影响、产业结构影响),科技进步影响因素,污染治理水平因素和资源禀赋影响因素。其中,前三项因素是影响主要污染物排放量和减排水平的驱动性因素,这些因素又可以分为正向驱动和反向驱动两种类型。正向驱动性因素主要是社会经济影响因素,反向驱动因素包括科技进步影响因素和污染治理水平因素。在同等条件下,正向驱动性因素是促使主要污染物排放量增加的因素,反向驱动性因素是促使主要污染物减排水平升高的因素。

6. 表征总量分配影响因素的指标

基于上述分析,本研究根据流域主要水污染物总量管理和减排工作需要,进一步从影响当前及未来水污染物排放的整个链条进行系统分析:社会经济现状、技术进步水平、水污染物削减潜力、水环境质量及资源禀赋差异,对表征各影响因素的指标进行初步筛选。由于各项指标间可能存在关联关系,这将导致在污染物总量分配时重复计量,从而使分配结果失真,该项影响应予以消除。消除指标间关联的方法众多,本研究采用相关性统计分析来考察上述初步确定的总量分配指标,并依据检验及分析,对初步确定的指标进行适当调整,从而确定最终的流域主要水污染物总量减排分配指标集。

(1)体现区域社会经济的差异。

人口指标包含了人口规模和人口结构两方面特征信息,人口规模的表征指标一般包括人口总量、城镇人口数量、农村人口数量、老年人口数量、青年人口数量,未成年人口数量等;人口结构的表征指标包括城镇人口和农村人口的比例或者城镇人口占总人口的比例、农村人口占总人口的比例等。经济和人口等相关指标的组合可用以反映影响区域水污染物排放的社会经济特征。

经济规模指标是一个地区经济贡献水平大小的表现,同等条件下,经济贡献大的区域对水环境资源的需求往往也较多,对于经济规模较大的地区,应该多分配排污量。表征经济规模的指标包括 GDP 总量、第一产业产值、第二产业产值、第三产业产值、工业行业增加值/利税额、高污染强度行业(或重点行业)产值、城镇化率、进出口贸易额等。

经济结构指标可以反映一个地区的水污染物排放的产业或行业、部门的分布特征,表征经济结构的指标包括第一产业、第二产业和第三产业产值占 GDP 比例、高污染行业产值或增加值占 GDP 的比例、高污染行业产值或增加值占区域行业总产值/总增加值比例等。

一个地区的社会、经济现状是影响总量分配方案制定的主要问题,根据前述研究,从人口与经济规模、经济结构影响因素中筛选出人均 GDP、重点行业工业总产值比例指标,这两项指标能够反映区域异质性,且与主要水污染物排放现状直接相关,直接影响主要水污染物总量分配方案的制定。

(2)体现区域技术进步的差异。

表征科技进步影响因素的指标主要是水污染物的产生强度指标,包括单位经济产值的水污染物产生强度、人均水污染物产生强度、城镇人口人均水污染物产生强度、农村人口人均水污染物产生强度、单位工业产值的水污染物产生强度、单位高污染行业产值水污染物产生强度等。根据前述研究,从科技进步影响因素中筛选出人均水污染物产生强度指标,该项指标能够反映区域异质性,且与主要水污染物排放现状直接相关,直接影响主要水污染物总量分配方案的制定。

(3)体现主要水污染物削减潜力的差异。

水污染治理影响因素反映了一个地区水污染物治理水平的高低,水污染物治理水平越高的地区其废水和主要水污染物去除率一般较高,水污染治理水平较差的地区其废水和主要水污染物去除率一般相对较低。水污染治理水平的表征指标主要包括工业废水处理量、工业废水处理率、工业主要水污染物去除量、工业主要水污染物去除率、城镇生活污水处理量、城镇生活污水处理率、城镇生活主要水污染去除量、城镇生活主要水污染物去除率、污水处理厂运行率、污水处理厂投资规模、污水处理厂运行费用、工业污染治理投资、工业污染治理设施运行费用等。

目前我国的水污染物末端治理主要针对工业污染源和城镇生活污染源,各省份的主要水污染末端物削减潜力与当前该省份的工业水污染物处理率及生活水污染处理率直接相关,因此,本研究从污染治理水平影响因素中筛选出工业废水主要污染物去除率、城镇生活废水主要污染物去除率两项指标作为表征主要水污染物削减潜力差异的选择。

(4)体现区域水资源及水环境质量禀赋的差异。

一个地区的水污染物允许排放量、水环境容量与该区域的水资源丰度和土地面积大小密切相关。水资源是一个地区水环境容量的自然禀赋基础,一个地区的水资源量大小在一定程度上反映了该地区的环境容量禀赋的大小,水资源丰富的地区往往水环境容量较大、纳污能力强,而水资源稀缺地区则相反。我国各地水资源异质性特征明显,各地的水资源丰度大小状况也是地方异质性重要特征。

区域水资源禀赋影响因素可用一个地区的水资源总量、单位国土面积水资源量、人均水资源占有量、人均地表水资源总量、人均地下水资源总量、水资源利用量、年新鲜用水量、水资源循环利用率、国土面积、人均国土面积等指标来表征。研究表明,区域单位国土面积的水资源量指标往往与该区域的水污染物容量公平性分配最为密切。

此外,为了维护一个区域的水环境安全,区域的主要水污染物总量减排应尽量与区域的环境质量状况相适应,应尽量满足区域水质目标对污染物排放的要求。区域水环境质量状况可用江河湖库、重点流域等监测断面中各类水质所占的比例等指标来表征。例如区域国控监测断面中Ⅱ类水监测断面的比例;区域国控监测断面中Ⅳ类水监测断面的比例;区域国控监测断面中Ⅴ类水监测断面的比例;区域国控监测断面中劣Ⅴ类水监测断面的比例。也可以采用对监测断面区间赋值的方式来确定指标,例如好水质的监测断面所占的比例(Ⅰ~Ⅱ类监测断面数占总监测断面数的比例)、较好水质的监测断面所占比例(Ⅲ~Ⅳ类则断面数占总监测断面数的比例)、差水质的监测断面所占比例(Ⅴ~劣Ⅴ类监测断面数占总监测断面数的比例)。

给定某一个地区水污染物减排幅度必须要考虑当地的水污染物负荷水平及水环境质量状况,从而确保合理的减排水平,使当地的水环境状况处于水环境安全阈值范围以内。本研究从水资源禀赋、水环境质量禀赋影响因素中筛选出单位国土面积水资源量、国控监测断面中较差水质断面所占比例两个指标来表征区域水资源与水环境禀赋的差异。

本模型总量分配的方法选用基尼系数法,该方法的具体内容请详见蒋洪强等著的《流域水污染防治规划决策支持系统——方法与实证》一书。

6.4.4　流域水环境质量模拟预测模型

1. 模型概述

当前我国流域水资源严重短缺,水环境状况呈现不断恶化趋势,各重点流域水污染问题十分复杂。随着水环境质量模拟技术迅速发展,模拟技术已成为 COD、TN、TP 污染等各种复杂水环境问题及研究流域水污染控制理论的核心手段之一。尤其是"十三五"时期我国流域水污染防治战略以水环境质量改善为最终导向,水污染物总量削减与水环境质量改善挂钩对编制流域水污染防治规划提出更高要求,这就需要通过定量化的模拟技术来解析污染源输入与受纳水体质量响应关系,从而辅助"十三五"规划目标可达性决策。水环境质量的模拟预测能充分体现河流水质污染的程度与趋势,有效地预测未来的水质变化,为水环境污染的整体治理和规划管理提供科学依据。本项研究从"经济社会发展—污染物排放—环境质量改善"一体化的角度入手,对美国的半分布式流域 SWAT 水文水质模型进行学习借鉴、引进和创新,重点选择研究 SWAT 模型水质预测模拟模块,确定水质模型模拟的指标,并结合 GIS 技术,提供具有地理空间代表性水质状况的图形网格设计,以松花江流域为案例进行示范研究,深入分析流域水污染物减排与水环境质量改善的相关关系,模拟预测流域未来水环境质量变化趋势。通过模拟预测获得基于排放总量目标下的水环境质量状况及水环境质量可达性分析,使模型能够适用于我国流域水环境预测,为流域水环境管理和流域规划提供科学依据,并为我国的流域水污染防治规划决策支持平台建设提供技术支撑。

2. 研究范围

时间范围:本研究对松花江流域"水资源消耗—水污染排放—水环境质量状况"一体化预测模拟的时间范围为 2016—2020 年,其中主要是预测目标年份 2020 年,以 2011 年和 2012 年为基准年份。

空间范围:松花江嫩江流域,具体以嫩江流域各控制单元为单位开展预测研究。

3. 模拟预测思路与框架

本研究基于文献调研、模型构建及松花江流域应用研究的方法,通过确定模拟指标、明确模型变量参数等工作,建立松花江流域水环境质量模拟预测模型方法;结合松花江流域监测点位数据的收集工作,开展流域水环境质量模拟预测实证研究,解析流域水污染物减排与水环境质量改善的关系,并基于未来污染物产排放量预测,完成未来水环境质量状况模拟预测,可使用的模型请参见蒋洪强等著的《流域水污染防治规划决策支持系统——方法与实证》一书。本模型的具体技术路线如图 6.9 所示。

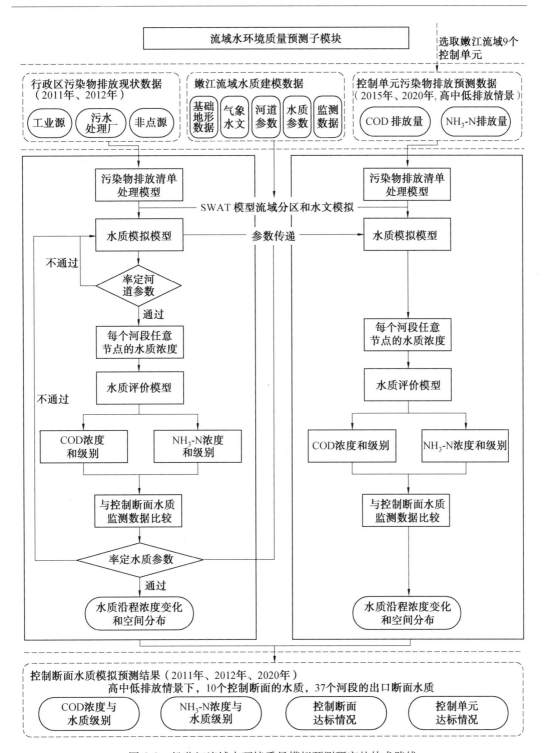

图 6.9　松花江流域水环境质量模拟预测研究的技术路线

6.4.5 流域城镇污水处理厂建设方案优选评估模型

1. 多目标决策的特点

现实问题愈复杂,决策问题愈困难,往往要考虑多方面的目标,因此多目标决策方法越来越被重视。本研究将多目标决策理论与方法与环境规划方案筛选相结合,拟建立环境规划方案的多目标决策模型方法理论基础,着力研究多目标的决策基本理论层面,为环境规划方案筛选技术方法的决策提供坚实理论基础;加大提升多目标决策技术层级,深度拓展多目标方法应用层面,借助决策技术,实现环境规划方案多目标优选方法的决策。

社会、经济的发展和管理的实践表明,实际生活中广泛存在的是多目标决策问题,对此单目标决策方法已经无能为力;"最优化原则"只是一种理想的原则,而"满意化原则"才是一种现实的原则。人们在解决生产、科学实验、工程建设和经济管理等方面的问题时,经常需要判断或选择方案,在这个过程中,如果只考虑一个重要准则时,应用人们熟知的单目标最优化方法即可找出最佳方案。然而在实际中,特别是在大系统和巨系统中,往往需要同时考察多个准则才能判断和选择方案,在这种情况下,只有应用多目标决策方法,才能解决问题。例如进行产品计划研究时,公司的经理不再满足于极小化生产成本,而是同时考虑多个品性,包括生产成本、短期和长期资本需求、工人的满意程度与绩效、产品的适应性、能源消耗等。在可持续发展的背景下,企业在追求经济利益最大化的同时,还必须考虑社会效益、环境效益等目标。在经济管理工作中,需要同时考虑费用、质量、利润等目标,要求费用最小、质量最好、利润最大。

多目标决策的理论和方法是由于解决大量现实问题的需要而发展起来的,而现有的数学和计算工具使这种发展成为可能。

多目标决策是指在多个目标间互相矛盾、相互竞争的情况下所进行的决策。决策者面对的系统具有层次性、联系性和多维性等复杂性质,是多目标决策存在的根本原因。近代多目标决策理论与技术的产生和发展最直接的原因在于,作为科学决策工具的单目标数学模型忽视了客观事物普遍存在的多目标性,除了简单的问题外,单目标决策很难满足个人和群体决策的要求。在现代工农业生产、能源开发、城市交通、企业管理、社会经济发展和各种有限资源合理分配等复杂问题中考虑多目标决策具有如下必要性与优越性:

(1)采用多目标决策方法其结果更合理、更逼真,易被人们所接受。

(2)有利于减少决策失误,促进决策的科学化和民主化。

(3)能适应问题的各种决策要求和扩大决策范围,有利于决策者选出最佳均衡方案。

从经济与管理的角度看,自从亚当·斯密开始,西方经济学家的一个基本假设就是认为企业的决策者是"经济人",他们的行为只受"利润最大化"行为准则所支配,他们从事经济活动没有其他动机,只以追求最大经济利益(实现企业的最大利润)为唯一的目标,而且这个目标通常是固定不变的,不受环境的影响。由此产生的数学工具就是单目标最优化模型。但是,社会、经济的发展已经证明,"经济人"的假设根本不适应现代管理的需求。西蒙着眼于现代企业的管理职能,否定了"经济人"的概念和"利润最大化"行为准则,提出了"管理人"和"令人满意行为"准则。他指出现代管理决策的两个基本假设:一是决策者必须考虑决策环境,希望达到一个满意的目标水平;二是各种经济组织是一个合作系统,组成它的各个团体也许会有不同的、甚至是矛盾的目标,但是他们必须互相协调,共同对策。这样两个基本假设很自然地把现代经济管理的决策问题用多目标决策模型来描述。

多目标决策问题最显著的特点有两个:目标间的不可公度性和目标间的矛盾性。所谓目标间的不可公度性是指各个目标没有统一的度量标准,因而难以进行比较,对多目标决策问题中行动方案的评价只能根据多个目标所产生的综合效用来进行。所谓目标间的矛盾性是指如果采用一种方案去改进某一目标的值,可能会使另一目标的值变坏。由于多目标决策问题的上述两个特点,一般来说不能把多个目标直接归并为单个目标,再使用单目标决策问题的方法去解决多目标决策问题。多目标之间相互依赖、相互矛盾的关系反映了所研究问题的内部联系和本质,也增加了多目标决策问题求解的难度和复杂性。

多目标决策问题可简单地根据求解问题过程中,在优化之前(事先宣布偏好)、在优化之中(逐步宣布偏好)、在优化之后(事后宣布偏好)获取决策人的偏好信息来分类。

由于多目标决策问题中目标之间的矛盾性,多目标决策问题一般不存在通常意义的最优解,即不存在一个这样的解,在满足约束条件的情况下,使各个目标分别达到各自的最优值。多目标决策问题的解在数学规划中称为非劣解,一些统计学家和经济学家称之为有效解,而福利经济学家则称之为帕累托最优解。

2. 模型概述

流域城镇污水处理厂建设项目是流域规划较为重要的一项内容,此类项目的建设方案是否科学合理将直接影响流域规划各项目标的完成程度。因此,研究制定流域规划城镇污水处理厂建设的优化方案,将为我国目前的流域管理决策以及水环境质量改善工作提供科学和系统的支撑,具有重要的现实意义。流域污水处理厂建设方案的优选决策涉及经济、技术、环境与社会等诸方面,是一个多目标的优化决策问题。各影响因素之间存在矛盾性与不可公度性,它们之间的复杂关系难以通过简单的线性等式(或不等式)约束以及非线性等式(或不等式)约束表述,难以归并为单目标问题,因此国内外大部分研究者采用多目标决策工具进行污水处理厂建设方案的优选决策。本研究从流域宏观尺度上污水处理厂建设方案优化决策的角度出发,提出流域规划城镇污水处理厂建设规划决策研究的理论和方法基础,综合考虑经济、社会、环境等方面的影响因素,目标约束设置更为细化和全面,建立具有科学性、实用性的流域城镇污水处理厂建设方案优化决策模型,并设计相应的多目标智能优化算法进行求解。研究选取松花江流域为对象开展示范研究,以验证该优化模型的科学性、实用性以及设计算法在求解时的有效性,为该模型在其他流域规划决策中的应用提供重要参考,同时为流域水污染防治规划决策方法体系的构建提供基础支持。

3. 研究思路与框架

本研究拟在"十一五"城镇污水污染控制投资和运行费用函数研究的基础上,以松花江流域为示范,深入进行流域规划城镇污水处理厂建设方案优选的研究,探索并研究流域规划与管理优化决策方法,为流域规划决策支持平台的构建做好基础工作。具体研究内容包括以下三个方面:

（1）理论研究。

在系统总结分析国内外相关研究的基础上，识别我国流域规划管理决策的需求和科学问题，以城镇污水处理厂建设方案为突破点，从流域规划决策模型概论、多目标决策模型理论和多目标智能优化算法等方面提出流域城镇污水处理厂建设规划决策研究的理论和方法基础，为流域城镇污水处理厂建设方案优化决策模型的构建提供理论支撑。

（2）流域城镇污水处理厂建设优化决策模型的构建。

在"十一五"城镇污水污染控制投资和运行费用函数研究的基础上，进一步开展城镇污水治理现状分析与数据补充调查，完善城镇污水治理技术经济数据，建立不同规模、处理效率和处理工艺城镇污水治理投资与运行费用函数，综合分析经济、社会和环境等方面的影响因素，基于多目标决策理论方法，以投资成本与运行成本最小、环境影响最小和主要污染物去除率最大为目标函数，以投资总额限制、污染物总量控制、污水实际处理量、污染物处理率、进出水浓度、建设个数以及工艺限制等为约束条件，构建多目标流域城镇污水处理厂建设方案的优化决策理论模型，并设计完成基于遗传算法的多目标求解方法。

（3）流域规划城镇污水处理厂建设方案优选评估示范研究。

基于流域城镇污水处理厂建设方案优化决策模型，重点选择嫩江流域各控制单元为示范对象，收集相关数据资料，建立嫩江流域城镇污水处理厂建设方案优选模型，并利用本课题设计的多目标遗传算法进行求解，最终给出示范区域城镇污水处理厂建设方案的帕累托最优解集。在此基础上，通过优选评估方法（基于决策者偏好的目标加权法或专家打分法等）对最优解集进行优选排序，给出最佳适应性决策方案。

本模型的研究技术路线如图6.10所示。

4. 影响因素分析

流域规划尤其是流域水污染防治规划通常有总体目标、水质目标、总量目标和生态目标等多个目标，规划编制及规划项目设计中应考虑对多个目标任务进行统筹安排，以实现投资效益最大化。目标规划应全面分析流域的基本特点和经济社会的发展需求，考虑项目目标的系统性和协调性，突出重点，兼顾一般。城镇污水处理厂建设项目是流域规划项目中较为重要的一项内容，此类项目的建设方案是否科学合理将直接影响流域规划各个目标的完成程度。本课题结合当前流域规划污水处理厂建设过程中所涉及的流域水质保障、区域总量控制和社会经济制约等多方面因素，从经济、社会和环境等方面综合考虑，分析流域规划城镇污水处理厂建设方案优化决策的主要影响因素。

（1）建设和运行投资成本。

任何工程项目的建设都必须有资金的支持，污水处理厂的建设和运行需要大量的投资，因此需要进行科学合理的投资建设，优化建设方案的资金配置，使污水处理厂建设方案能够取得较高的投入产出比。城镇污水污染控制费用包括建设投资和运行费用两大部分，建设投资包括土建工程费、安装工程费、设备费等，运行费主要由污水处理厂正常运转所需的费用组成，包括人员费、药剂费、能源费、维修费等。影响城镇污水污染控制投资和运行费用大小因素有污水处理规模、污水处理水平、所采用的处理工艺、污染物等标负荷量、污染物去除率、污泥处置量、污水回用量、使用年限等，上述影响因素对各种费用模型的影响存在相互制约关系，某个或几个因素的变化会造成各种费用模型剧烈变化。

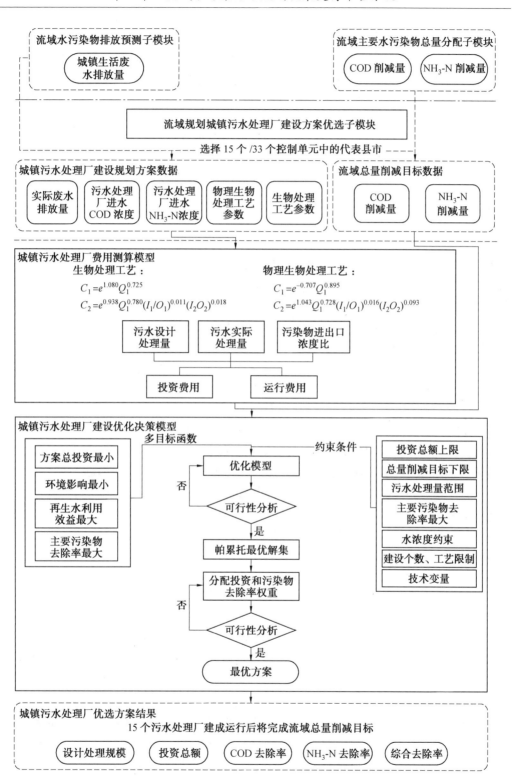

图 6.10　流域污水处理厂建设方案优选评估技术路线

（2）流域城镇污水处理能力。

城镇污水处理设施建设作为环境公共基础设施建设其中一项重要内容，是提升基本环境公共服务、改善水环境质量的重大环保民生工程，也是建设资源节约型、环境友好型社会的重要工作任务。一个流域的污水处理水平直接反映了流域内各级地方政府对我国产业政策的落实情况，反映了对解决广大人民群众息息相关的环境问题的解决力度，反映了该流域污染治理设施的建设水平等。同时，流域污水处理能力要与流域内经济社会发展水平相协调，与城镇发展总体规划相衔接，与环境改善要求相适应，与环保产业发展相促进，因此，合理确定建设规模、内容和布局，以流域城镇污水处理能力作为评价流域规划城镇污水处理厂建设方案的目标之一是十分必要的。

（3）处理工艺。

污水处理厂建设设计时应结合当地实际进、出水要求选择合适处理工艺。一般城市污水与城镇污水水质不同，需要不同的处理工艺。我国城市和城镇污水处理采用的工艺主要有：SBR（也称间歇曝气活性污泥法或序批式活性污泥）工艺系列、氧化沟工艺系列、传统活性污泥法、BIOLAK（百乐克）工艺、BAF 工艺以及人工湿地等。其中，SBR 工艺系列、氧化沟工艺系列和传统活性污泥法是最为常见的工艺类型。

（4）污染物总量控制。

"十一五"期间，我国明确提出实施污染物排放总量控制计划管理，将化学需氧量作为流域水污染物总量控制的指标，提出到 2010 年排放总量比 2005 年减少 10% 的控制目标。"十二五"期间，除化学需氧量外，又增加氨氮作为水污染物总量控制指标，提出到 2015 年，化学需氧量和氨氮两项指标污染物排放总量比 2010 年分别减少 8% 和 10% 的控制目标。因此，"十二五"流域规划中增设化学需氧量和氨氮两项总量控制指标作为约束性指标。根据"十一五"的污染物排放数据显示，化学需氧量和氨氮两项污染物排放量70% 来自生活源（不考虑农业源的影响），而城镇污水处理厂的建设和运行是削减生活源中化学需氧量和氨氮两项污染物最有效的措施。因此，流域规划城镇污水处理厂建设方案评估目标要以流域规划总量控制目标为约束，确保方案实施后，流域污染物排放总量能够达到流域规划所设置的总量目标。

（5）对环境的影响。

污水处理厂建设从环保角度而言，一般要求不要对周围环境（指自然资源、水域、地下水、耕地、森林、水产、风景、名胜、自然保护区等）造成不可恢复的破坏，不宜设置在城市或居民区的上风向、城市水源的近距离上游。同时，污水处理厂建成投产后，对周围特别是下游城镇的水源保护区、养殖区等生态环境敏感区的环境影响应尽量小，不能超过地方环境容量所容许的范围。

（6）回水的利用。

21 世纪排水系统的定位应从以前的防涝减灾、防污减灾逐步转向污水的资源化，从而恢复健康水循环和良好水环境、维持水资源可持续利用。随着水资源的日益减少，污水回用日渐成为解决水资源短缺的一个重要途径。经深度处理后的污水达到规定的水质标准后可作为农田灌溉水、工业工艺用水或厕所冲洗、园林浇灌、道路保洁等生活杂用水。所以，污水深度处理与再生回用是恢复水环境的重要措施。因此污水处理厂的回水利用

(如工业回用或农业灌溉)效益也是确定建设方案时必须考虑的问题。

在上述研究的基础上,基于多目标优化决策理论方法,以投资成本与运行成本最小、环境影响最小、再生水利用效益最大和主要污染物去除率最大为目标函数,以投资总额限制、污染物总量控制、污水实际处理量、污染物处理率、进出水浓度、建设个数以及工艺限制等为约束条件,构建多目标流域城镇污水处理厂建设方案的优化决策理论模型,并设计完成基于遗传算法的多目标求解方法。

6.4.6　流域水污染防治规划投入效益测算模型

1. 模型概述

水污染防治规划投入作为以政府为主导、以企业为主体的财政投入将发挥极大的基础保障作用,为我国水污染防治事业,特别是对流域污染物总量控制和水质改善起到了较为关键的作用。目前水污染治理投入所带来的环境效应已经得到广泛认可,但其经济社会溢出效应却往往被忽视。如此巨大的水污染治理投入究竟对经济社会的发展产生什么样的贡献效应? 是正面贡献还是负面贡献? 对经济社会各方面的贡献分别是多少? 在关注水污染防治规划投入巨大的环境改善效应同时,需要关注这些投入及措施对松花江流域经济发展以及结构调整优化的经济溢出效应。由于规划投入措施具有较大的经济属性和经济耦合特征,需对其促进经济结构优化的作用机理进行深入、定量化研究。从理论和实践的角度来说,增加水污染治理投入和基础设施建设投资不仅不会阻碍经济发展,相反会刺激经济启动和拉动经济增长。水污染治理投资对经济增长的拉动主要表现在引领市场化经济发展、优化结构、吸纳更多就业(尤其是农业就业人口)、增加居民收入、拉动内需等方面。尤其在经济萧条时,可直接刺激偏淡的市场,扩张偏冷的需求,产生"立竿见影"的效果。

本模型以松花江流域为示范研究对象,基于松花江流域环境经济投入产出表,构建规划投入对经济发展和环境改善的贡献作用模型,并以"十三五"期间松花江流域水污染治理投入为数据基础,定量化测算分析"十三五"期间松花江流域污染治理投入措施对流域经济发展以及污染减排的贡献作用,从而为松花江流域"十三五"污染防治规划提供科学借鉴意义。

2. 技术路线

本节基于投入产出模型,定量化测算"十三五"期间松花江流域规划投入措施对该流域总产出、GDP、居民收入以及就业等经济社会的贡献效应以及经济结构优化效果。本模型的研究思路如图 6.11 所示,主要分为数据收集、模型构建、结果测算三个步骤。

(1)对松花江流域的规划投入措施数据进行整理收集。本节中所指规划投入措施主要包括工程减排(治理投资、治理运行费)。

(2)基于环境-经济投入产出表以及其外部相关参数和系数,构建规划投入对经济贡献作用测算模型,其中环境-经济投入产出表需在松花江流域投入产出表基础上加入废水和废气治理部门以及规划投入投资等内容,从而能够反映规划投入措施对经济发展及结构的影响,并结合劳动力占用系数、行业劳动平均报酬以及边际居民消费倾向等参数,构建规划投入经济作用测算模型。

（3）测算规划投入对松花江流域经济发展（总产出、GDP、居民收入、就业）的贡献效益。

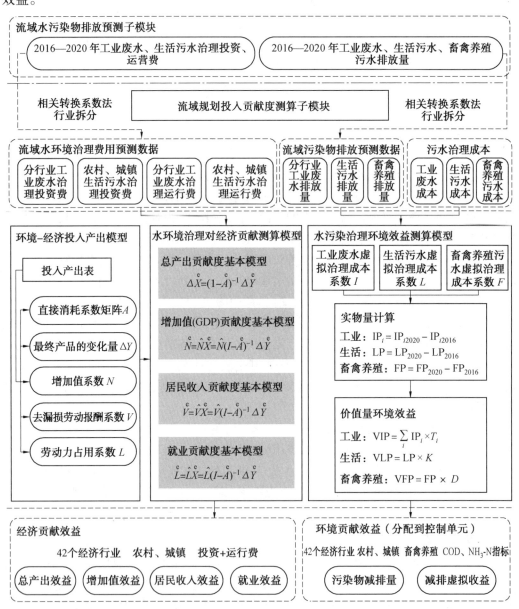

图6.11　规划投入对经济发展及结构优化研究思路

3. 水环境治理对经济贡献测算模型

根据宏观经济学理论可知，规划投入投资将会引起最终产品需求增加，从而对国民经济产生拉动作用。利用投入产出模型可以从最终产品产量的变化来测算规划投入投资对国民经济（总产出、GDP、居民收入和就业）的影响。

4. 水污染治理环境效益测算模型

从实物量和价值量两方面建立规划投入对环境效益贡献度的测算方法。实物量是指水污染防治规划投入导致废水和主要污染物排放量的减少,重点针对水污染治理工程投入(分为生活污水处理工程投入和工业污水处理工程投入),基于产排放系数法和工程治理投入的减排贡献度响应模型进行污染物排放量实物量测算。价值量是指由于工程治理投入直接减少了污染物的排放,进而避免了污染物排放带来的环境污染损失,采用绿色GDP 核算中的污染损失评估法或治理成本法(关键是获得单位污染物的治理成本)进行测算。

第7章 基于 GIS 的松花江水污染决策支持管理平台

7.1 研究背景及主要内容

7.1.1 研究背景

松花江流域是我国七大流域之一,流域跨黑龙江省、吉林省和内蒙古自治区,汇入黑龙江后,经俄罗斯注入太平洋。流域全长 1927 千米,流域面积 55.72 万平方千米,位居长江、黄河之后,为第三大河,是我国重要的工业、农业、能源基地。由于工业发展过程产生结构性污染问题,松花江水环境遭受严重污染,这种污染的严重性以及可能产生的不可逆转的危害,将成为东北地区老工业基地振兴与可持续发展的障碍,进而污染国际界河黑龙江而引发国际纠纷。松花江水污染防治问题已引起国家的高度重视,"十一五"期间被列入国家重点污染治理河流。黑龙江、吉林两省绝大部分工业企业均集中于松花江流域的主要河流沿岸,许多企业属于以能源和原材料为主的高耗水、高排水的产业结构,治理设施薄弱及生产工艺落后是水质污染的主要因素。另外沿江城市生活污水大部分未经处理就直接排放,也成为重要的污染源。松花江流域主要污染区域为嫩江齐齐哈尔市、第二松花江吉林市、松花江干流哈尔滨市和佳木斯市。主要污染物为化学需氧量、氨氮、挥发酚和石油污染类。从松花江干流的污染状况看,在没有城镇污水排放的江段,河流水质都较好,点源污染负荷是最主要的污染负荷。

2005 年 11 月 13 日 13 时 45 分,中国石油吉林石化公司双苯厂发生爆炸,污染物大量泄漏造成松花江水体严重污染。污染水体沿江北上进入黑龙江省,给沿岸各城市的工业生产和人民生活造成重大影响。11 月 24 日上午 10 时 30 分,污染水带正式进入哈尔滨市,污染水带长 135 千米,其中污染物超标 5 倍以上的重度污染带达到 80 千米,自 11 月 20 日 7 时松花江黑龙江省境内第一个监测断面肇源断面硝基苯超标开始,至 12 月 19 日 20 时同江监测断面硝基苯浓度值达标,污染带在松花江黑龙江省江段历时 30 天。

硝基苯是剧毒性物质,侵入人体主要作用于血液、肝及中枢神经系统,原国家环保总局已经将硝基苯列入 68 种优先控制污染物名单。硝基苯在水中具有很高的稳定性,在自然界中完全降解约需 1 年。硝基苯的比例为 1.205,熔点 5.9 ℃,污染爆发时松花江的水温在 0 ℃ ~4 ℃,一部分硝基苯已转为固体。按通过哈尔滨江段的硝基苯总量测算,可能通过 40 吨左右,其余硝基苯仍残留在哈尔滨江段上游的底质中。在 2006 年一年内,随着水温逐渐升高及江水流量加大,底质中的硝基苯将不断释放溶入水体中,构成了对松花江的长期持续污染。因此,必须尽快开展针对松花江底质硝基苯分布和迁移转化规律的研究,并针对硝基苯在水体中的浓度变化趋势提出安全预警,为受污染江段城镇居民饮用水和农牧渔业用水安全提供保障,并为政府决策提供技术支持。

根据松花江水体底质中残存硝基苯实际总量及硝基苯的特性,预计 2006 年 6 月之前黑龙江省界内受污染江段底质中的硝基苯将不断释放,此期间仍处于"应急状态"。为保证社会稳定和工农业生产,为沿江城镇居民提供"放心水",亟待开展"松花江底质中硝基苯分布状况、迁移转化规律及安全预警"研究,基于地理信息系统(GIS),建立松花江硝基苯污染数据库和决策支持管理平台,提出多目标、多级别的安全预警方案、应急对策和相应的保障措施,并建立污染物持续影响的经济损失和环境污染与生态破坏损失的综合分析评估系统,为吉林和黑龙江两省各级政府提供松花江流域水污染管理的战略层面决策支持。

7.1.2　主要研究内容

1. 基于地理信息系统(GIS)建立松花江硝基苯污染决策支持管理平台

利用地理信息系统(GIS)技术,针对"松花江水污染应急科技专项"的研究范围,收集整理水文地质、农畜渔业生产、城镇人群等基础信息,并汇总各课题获取的数据,建立基础地理信息数据库、硝基苯污染专题数据库、社会经济专题数据库及相关模型库。设计相应的数据库结构和表模式,提出数据库的存储、管理和维护方案,建立数据采集平台、GIS 平台和数字仿真平台等决策支持管理平台,实现松花江流域环境信息的规范化、数字化和可视化管理。

2. 建立松花江流域硝基苯污染的安全预警系统和应急科技对策

利用决策支持管理平台,基于研究获取的数据,应用水质模型进行数字仿真,开展针对松花江硝基苯分布和迁移转化规律的研究,模拟硝基苯在空气、水体、土壤、悬浮物、鱼体、沉积物等环境介质中的各个时刻的逸度、浓度、质量分布值,并对模拟结果做解释说明。综合评估和预测硝基苯对水功能区、饮用水源(含地下水)、农畜渔业等生态安全性的影响,确定不同级别的安全阈值,建立松花江污染状况预警系统。以电子地图等形式,准确、及时、全面地提供污染状况,分析污染变化的趋势。同时,针对不同的安全预警状况,建立应急规则和决策机制,制定出多目标、多级别的应急科技对策。

3. 建立污染物持续影响的社会经济损失综合分析评估系统

根据上述结论和数据,应用环境经济学原理和计量方法,从区域和城镇等不同尺度上对吉林和黑龙江两省松花江水污染和生态破坏造成的损失进行分析、测算和经济计量,建立起硝基苯污染损失的定量化模式,结合现场调查确定计算参数,建立水功能区、农畜渔业、地下水、沿岸工业生产等造成经济损失的分区标准,确定污染损失率,计算不同污染程度的损失面积,进而得到松花江水污染对农畜渔业的经济损失。依据污染影响范围和影响程度与区域功能和价值的相关关系,开发综合评估社会经济损失的数字仿真系统,预测硝基苯污染后对水生生态系统和流域生态系统造成的近期和远期的影响。

7.2 松花江水污染决策支持管理平台系统设计

松花江水污染决策支持管理平台研究以地理信息平台及空间基础数据为基础,集成松花江流域污染各类专题信息,基于 3S 技术和网络技术集成的空间决策支持系统,也是一个综合性管理信息系统。通过建立与集成相关的信息平台,构建一套可视化的管理、预测、预警平台,为相关部门的信息决策提供科学、可靠的信息支撑服务。通过 GIS 平台以电子地图的形式,准确、及时地反映出松花江污染事故发生后,污染带的时空变化趋势,污染带波及的农田、畜牧业和渔业的范围和程度等。

松花江水污染应急决策支持管理 GIS 平台的公共信息交互式操作能方便用户查询各种空间数据和环保监测数据,网络化管理职能为水资源管理部门对松花江流域水环境污染及水资源合理利用的预测和决策提供了参考。通过嵌入系统多介质迁移转化规律数学模型,分析不同污染物在各介质中迁移转化规律。平台采用环境数学建模与计算机数字仿真技术,建立适应性很强的动态污染带数字仿真系统。

7.2.1 系统总体结构设计

本系统的逻辑结构可分物理层、应用层、表现层三层,其总体结构框架如图 7.1 所示。

1. 物理层

物理层是整个系统的最底层,是系统的基石。它主要为高层应用提供数据、模型、知识等原始信息的支持。本系统主要包括基础地理信息数据库、硝基苯污染专题数据库、社会经济专题数据库、水质模型库、知识库。

2. 应用层

应用层接受用户提出的各种操作要求,调用不同的功能模块以做出响应。应用层首先分析用户提出的操作要求,从而确定所需使用的原始数据,接着相应的功能模块通过数据接口平台访问相关的原始数据,对之予以分析处理,求得用户所需的结果。

3. 表现层

表现层将应用层计算的结果以各种形式,如地图、专题图、统计图、表格、报表等,在图形化界面上予以直观显示。

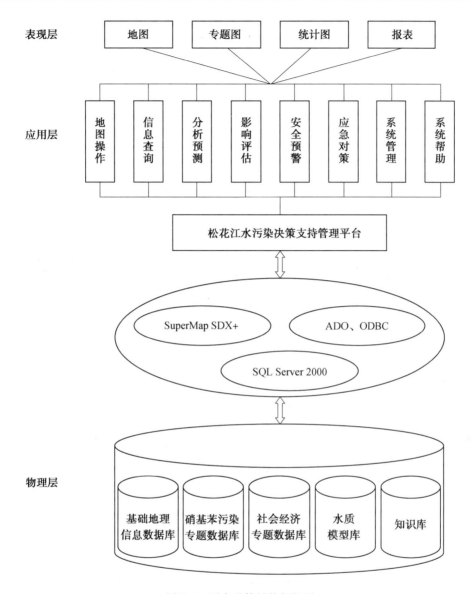

图 7.1　平台总体结构框架图

7.2.2　系统功能设计

系统主要目标功能包括监测数据建库、在线及非在线式监测、历史数据分析、迁移转化规律分析预测、污染状况图形图像化演示、污染源基本情况及监测数据建库、污染物特点建库、辅助分析、经济数据建库、经济损失与预警、应急对策支持等。

（1）实现本系统的数据更新维护和系统管理。系统可直接读取各种约定格式的专题数据，并对空间位置数据实现相应的投影转换，以便与基础地理数据相匹配。读取不同时态的专题数据将在系统中进行记录，用于增加和更新有关动态信息，保证系统数据的时效性和完整性。系统维护功能用于保证重要数据或者保密性高的数据的安全性,保证系统能够稳定运行。

(2)通过松花江流域基础地理信息数据、硝基苯污染源数据库、经济专题数据库,实现对流域基础多要素地理信息的录入和查询检索,污染源数据和经济数据的多因素关联查询、统计分析和空间定位与空间分析等;做到把松花江流域水体底质中硝基苯等污染物质的分布状况体现在电子地图上,把沿江各经济单位的经济结构和状况反映到电子地图上。

(3)硝基苯等污染物在松花江水体中的多介质迁移转化规律分析。通过嵌入系统多介质迁移转化规律模型,分析不同污染物在各介质中迁移转化规律以及松花江污染控制削减体系,得出硝基苯等污染物削减量,进而确定流域污染物入境总量和出境总量。

(4)硝基苯及其复合污染形成机制、归趋模拟与预测。通过对松花江流域各监测断面数据组织建库,通过数学模型对历史数据进行分析整理,进而做出对硝基苯及其复合污染的预测,实现系统的报告报表及统计图表输出、基础地图和专题图输出,包括:

①流域硝基苯污染物入境总量和出境总量专题图。

②污染源源强及分布专题图。

③污染物多流域人口、工业、农业、渔业和牧业的影响半定量专题图。

④设置水环境质量监测点。

(5)通过污染源基本情况及监测数据库、污染物特点建库,实现流域环境质量现状分析和污染趋势分析。结合硝基苯在线监测及系统提供的直观专题图做出饮用水源、农牧渔业用水水质风险评价和安全预警,并对由此产生的经济损失进行动态评估,并给出响应的预警等级。

(6)松花江硝基苯含量回升期应急预案和保障体系。通过流域监测,及时将江水污染物含量超标情况以及相应得经济损失情况反映到系统电子地图上,直观报警,并从科学、合理的角度出发提出一系列应急预案以供决策参考。

分析上述功能要求,将本系统分成八大功能模块,系统的功能框架如图7.2所示。

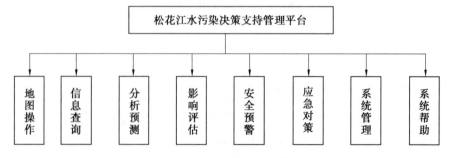

图7.2 平台功能模块图

7.2.3　系统技术框架

松花江水污染 GIS 管理平台以地理信息技术为主体,把计算机技术、数据库技术、网络技术等多门技术进行集成,通过把松花江流域沿江带状地理数据数字化并制作成电子地图,以此地理数据为基础,建立松花江流域沿江带状空间数据库;再通过与专题信息数据库,即硝基苯污染专题数据库、社会经济专题数据库及专家知识库的整合,最终开发建立满足于本项目需求的可视化的松花江水污染 GIS 信息管理平台。

(1)采用 C/S(客户端/服务器)结构进行设计与开发,地理信息平台采用北京超图公司的 SuperMap 系列软件进行空间数据的整理,并采用全组件的开发方式进行开发,即采用 SuperMap Objects 组件进行开发,以 Microsoft Visual Basic 6.0 作为本系统开发语言,通过 VB + SuperMap Objects 可以快速地完成系统的开发。

(2) 数据库采用 SQL Server 2000,空间数据与专题数据均存储在 SQL Server 2000 中。其中,采用 SuperMap SDX+ 完成空间数据的存储与管理,空间数据库主要包括 1∶4 000 000基础数据库、1∶250 000 基础数据库、1∶50 000 基础数据库、1∶10 000 基础数据库,通过建立多尺度的空间信息库,为本项目提供空间数据基础;专题属性数据(二维表)信息存储在 SQL Server 中的技术已成熟,可以直接采用相关的信息录入程序完成。

(3)设计地理数据与专题属性数据的数据接口,通过采用关键字方式实现地理数据与专题信息数据的整合。即在地理数据库中,通过此特定的关键字可以关联到专题属性数据库中进行信息查询,而在专题属性数据库中,也可以通过特定的关键字完成地理信息的查询,并实现空间信息的分析、定位。

(4)在本系统中,设计与预留与外部程序进行交换的接口,对于本系统平台无法实现的功能,可以借助第三方插件完成,并最终集成到本系统。

(5)通过 GIS 平台提供的数据接口,进行损失预测与评估、仿真预警、系统管理等模块的集成,最终完成松花江水污染应急科技对策与决策支持系统。

7.3　松花江水污染决策支持管理平台数据库设计

7.3.1　数据库总体框架结构

松花江水污染应急决策支持管理平台数据库由基础地理信息数据库和专题数据库组成。基础地理信息数据库包括 1∶10 000、1∶50 000、1∶250 000 和 1∶4 000 000 核心要素地理空间框架数据。专题数据库包括社会经济相关数据、硝基苯污染专题数据(图7.3)。

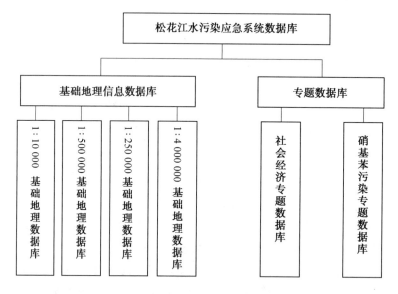

图 7.3　数据库总体框架结构图

7.3.2　基础地理信息数据库

1.数据库内容说明

基础地理数据库中包含不同比例尺的地图数据,均为矢量数据,具体说明见表 7.1。

表 7.1　数据库内容说明

数据库名称	内容说明	数据类型	覆盖范围
SHJ1W	1:10 000 基础地理数据库	矢量数据	哈尔滨市、吉林市与佳木斯市城区
SHJ5W	1:50 000 基础地理数据库	矢量数据	松花江与嫩江流经黑龙江省和吉林省沿江 10 千米
SHJ25W	1:250 000 基础地理数据库	矢量数据	松花江与嫩江流经黑龙江省和吉林省沿江 100 千米
SHJ400W	1:4 000 000 基础地理数据库	矢量数据	黑龙江省和吉林省全境

2.数据库命名方法

(1) 1:10 000 基础地理信息数据库的命名。

1:10 000 地理数据库包括矢量数据、代码表,1:10 000 地理数据库命名为 shj1w,所包含的矢量数据集为图层名_1w_数据集的类型,所包含的矢量代码表为 PageCode1w。

(2)1:50 000 地理数据库的命名。

1:50 000 地理数据库包括矢量数据、代码表,1:50 000 地理数据库命名为 shj5w,所包含的矢量数据集为图层名_5w_数据集的类型,所包含的矢量代码表为 PageCode5w。

(3) 1:250 000 地理数据库的命名。

1:250 000 地理数据库包括矢量数据、代码表,1:250 000 地理数据库命名为

shj25w,所包含的矢量数据集为图层名_25w_数据集的类型,所包含的矢量代码表为 Page-Code25w。

(4)1∶4 000 000 地理数据库的命名。

1∶4 000 000 地理数据库包括矢量数据、代码表,1∶4 000 000 地理数据库命名为 shj400w,所包含的矢量数据集为图层名_400w_数据集的类型,所包含的矢量代码表为 PageCode400w。

数据集命名说明:1w 为 1∶10 000,5w 为 1∶50 000,25w 为 1∶250 000,400w 为 1∶4 000 000。数据集的类型:P 为点类型,L 为线类型,R 为面类型。

7.3.3　硝基苯污染专题数据库

1. 需求概述

硝基苯污染专题数据库为松花江水污染应急决策支持管理平台提供相关检测点的各类相关信息,要求该数据库系统具有下述功能:

(1)检测点的基本信息的输入、修改和查询,包括检测点编号、名称、位置以及预留信息等。

(2)综合指标的输入、修改和查询,包括检测点编号、检测时间、编号、温度、色度、pH 酸碱度、浊度、电导率、溶解氧、生物耗氧量、生化需氧量以及预留信息等。

(3)有毒物质信息的输入、修改和查询,包括检测点编号、检测时间、物质名称、物质编号、浓度值以及预留信息等。

(4)其他参数信息的输入、修改和查询,包括检测点编号、检测时间、水体流速、水体流量以及预留信息等。

(5)有毒物质国家标准指标的输入、修改和查询,包括物质编号、浓度值以及预留信息等。

2. 系统数据流程图

仔细分析上述的系统需求概述,可以得出如图 7.4 所示的本系统的数据流程图。

针对本数据库系统需求,根据本数据库系统管理的信息和系统的数据流程图分析,设计如下的数据项和数据结构:

(1)检测点的基本信息,包括的数据项有检测点编号、名称、位置以及预留信息。

(2)综合指标的信息,包括的数据项有检测点编号、检测时间、编号、温度、色度、pH 酸碱度、浊度、电导率、溶解氧、生物耗氧量、生化需氧量以及预留信息。

(3)有毒物质的信息,包括的数据项有检测点编号、检测时间、编号、物质名称、物质编号、浓度值以及预留信息。

(4)其他参数信息,包括的数据项有检测点编号、检测时间、编号、水体流速、水体流量以及预留信息。

(5)有毒物质国家标准信息,包括的数据项有物质编号、浓度值以及预留信息。

3. 系统结构设计

本系统数据库中各个表格的设计结果以检测点基本信息表(表 7.2)和综合指标信息

表(表7.3)为例进行说明。

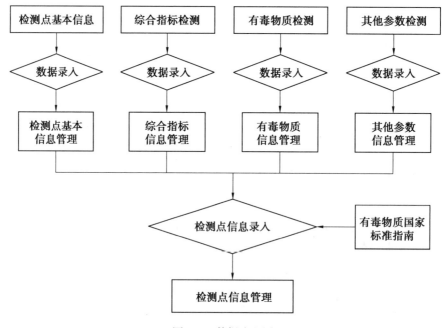

图7.4　数据流程图

表7.2　检测点基本信息表

列　名	数据类型	说　明
CheckpointNo	Integer	检测点编号
CheckpointName	nvarchar	检测点名称
ArriPosition	nvarchar	地理位置
Type	Bit	检测点类型
MonitorUint	nvarchar	检测单位
ReserveInfo	—	预留信息

表7.3　综合指标信息表

列　名	数据类型	说　明
CheckpointNo	Integer	检测点编号
CheckTime	smallDatetime	检测时间
SeqNumber	Integer	序号
Temperature	Real	温度
ColorDegree	Real	色度
ImpurityDegree	Real	浊度
pH	Real	pH 酸碱度

续表 7.3

列　　名	数据类型	说　　明
Conduction	Real	电导率
Suspension	Real	悬浮物
DissolveOxygen	Real	溶解氧(DO)
ChemiOxyConsume	Real	化学耗氧量
BioOxyReserve	Real	生化需氧量(BOD_5)
ReserveInfo	—	预留信息

7.3.4　社会经济专题数据库

1. 需求概述

为了深入考察本次污染事件对松花江流域周边城市的经济影响,本经济专题数据库为松花江水污染应急决策支持管理平台的经济预警系统提供所需的相关经济信息。基于此要求经济专题数据库系统具有下述一些基本功能:

(1)行政单位(以县为单位)基本信息的输入、修改和查询,包括行政编号、名称、地理位置,所属市、省等信息。

(2)行政单位流动信息的输入、修改和查询,包括行政编号、时间(以年为单位)、GDP、人口数量、经济结构描述、政府投入、社会投入以及预留信息等;农业信息的输入、修改和查询,包括行政编号、时间(以年为单位)、农田总面积、总产值、比例(占 GDP)、结构描述以及预留信息等。

(3)工业信息的输入、修改和查询,包括行政编号、时间(以年为单位)、总产值、比例(占 GDP)、水厂数量、新增设施费用、新增维护费、结构描述以及预留信息等。

(4)养殖业(包括畜牧业和水产业)信息的输入、修改和查询,包括行政编号、时间(以年为单位)、类型(畜牧业/水产业)、养殖面积、总产值以及相关描述等。

(5)服务业信息的输入、修改和查询,包括行政编号、时间(以年为单位)、类型(旅游业/餐饮业)、人次、产值以及相关描述等。

(6)主要农作物信息的输入、修改和查询,包括行政编号、时间(以年为单位)、农作物类型、亩产量、价格、产值以及预留信息等。

(7)主要牲畜信息的输入、修改和查询,包括行政编号、时间(以年为单位)、牲畜类型、数量、产值以及预留信息等。

(8)主要水产品信息的输入、修改和查询,包括行政编号、时间(以年为单位)、水产品类型、亩产量、产值以及预留信息等。

(9)各行业具有代表性的大型企业信息的输入、修改和查询,包括行政编号、名称、时间(以年为单位)、所属行业类型、规模、产值、水质等级、耗水量以及预留信息等。

2. 系统数据流程图

仔细分析上述的系统需求概述,可以得出如图 7.5 所示的本系统的数据流程图。

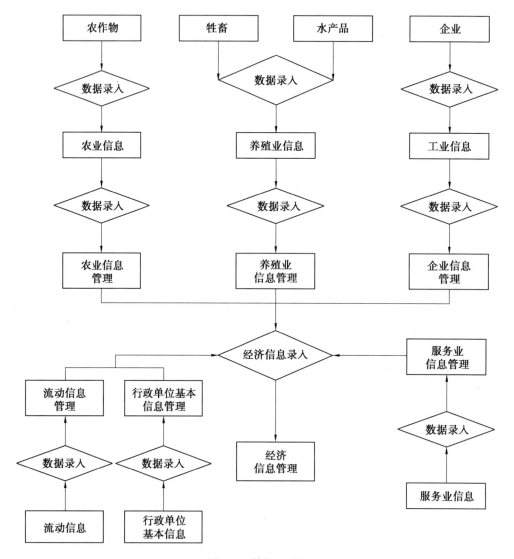

图 7.5　数据流程图

　　针对本数据库系统需求,根据本数据库系统管理的信息和系统的数据流程图分析,设计如下的数据项和数据结构:

　　(1)行政单位基本信息,包括的数据项有行政编号、名称、地理位置,所属市、省以及预留信息。

　　(2)流动的信息,包括的数据项有行政编号、时间、GDP、人口数量、经济结构描述、政府投入、社会投入以及预留信息。

　　(3)农业的信息,包括的数据项有行政编号、时间、农田总面积、总产值、比例(占GDP)、结构描述以及预留信息。

　　(4)工业的信息,包括的数据项有行政编号、时间、总产值、比例(占GDP)、水厂数量、新增设施费用、新增维护费、结构描述以及预留信息。

　　(5)养殖业的信息,包括的数据项有行政编号、时间、类型、养殖面积、总产值以及预留信息。

（6）服务业的信息,包括的数据项有行政编号、时间、类型、人次、产值以及预留信息。

（7）农作物的信息,包括的数据项有行政编号、时间、类型、亩产量、价格、产值以及预留信息。

（8）牲畜的信息,包括的数据项有行政编号、时间、牲畜类型、数量、产值以及预留信息。

（9）水产品的信息,包括的数据项有行政编号、时间、水产品类型、亩产量、产值以及预留信息。

（10）企业的信息,包括的数据项有行政编号、企业编号、名称、时间、类型、规模、产值、水质等级、耗水量以及预留信息。

3. 系统结构设计

本系统数据库中各个表格的设计结果以行政单位基本信息表（表7.4）、流动信息表（表7.5）和工业信息表（表7.6）为例。

表7.4 行政单位基本信息表

列 名	数据类型	说 明
CountyID	int	行政编号
Position	nvarchar	地理位置
Name	nvarchar	单位名称
City	nvarchar	市
Province	nvarchar	省

表7.5 流动信息表

列 名	数据类型	说 明
CountyID	int	行政编号
Year	datetime	时间(年)
PeopleQuan	float	人口数量
GDP	float	国民生产总值
GovInvestion	int	政府投入
SocInvestion	int	社会投入
Description	varchar	描述

表 7.6　工业信息表

列　名	数据类型	说　明
CountyID	int	行政编号
Year	datetime	时间(年)
ProtectCost	real	新增维护费
MachineCost	real	新增设施费
TotalValue	real	总产值
Quantity	int	水厂数量
Description	varchar	描述

7.4　松花江水污染决策支持管理平台模型库

基于 SuperMap 的基础地理信息数据库和水污染专题信息数据库的建立为水质模型的使用奠定了基础,系统中选用的水质模型都提供与 GIS 软件良好的接口。二者有机结合,相互取长补短。一方面,水质模型采用 GIS 软件提供的良好的地理信息和数据和图形界面,为数字化流域的模拟计算的模型概化和数据提取提供支持;另一方面,水质模型的模拟结果在 GIS 软件上的可视化表现,使水质模型的检验、校正更加容易,对计算结果的空间分析能力使复杂的水质模型变得容易理解。

近年来的水质数学模型的发展趋势是系统化、可视化、界面良好。随着计算能力的不断增强,模型系统越来越被广泛地使用,这些模型系统提供良好的用户界面,包含网格生成器、前后处理器以及其他工具,可以更容易地运行模型和分析模型的输出。

本系统在调研多种经典水环境数学模型的基础上,选用的水质模型为以下三种:表面水建模系统(Surface Water Modeling System, SMS)、有限元地下水流系统(Finite Element Subsurface FLOW System, FEFLOW)、多介质逸度模型(Multimedia Fugacity Modeling, MFM)。

7.4.1　表面水建模系统

表面水建模系统(SMS)是由美国陆军工程团水域试验站开发的一个全面的一维、二维和三维水力建模环境。SMS 支持的数字仿真可以计算出很多运用在表面水建模上的信息。模型的初级应用包括稳态和动态中表面水分析计算和潜层水流流速计算。另外的应用还包括污染物迁移模型、盐分入侵模型、沉积物传输模型、海浪能量传播模型、海浪特征(如趋势、数量和振幅)等。

1. GIS 数据功能

SMS 允许用户将所有形式的 GIS 数据进行水力建模。SMS 中的地图模块包括一套完整的工具来实现 GIS 的矢量和光栅数据的导入、生成和操作。以下是 SMS 的部分强大工具:

（1）优秀的运算法则允许用户快速而准确地处理大量数据。

（2）可以对图像进行连接、剪裁。

（3）边界条件和素材属性可以通过 GIS 的"图层覆盖"选项来和模型关联。

（4）通过设定 GIS 对象的属性,实现网格密度和网格类型的控制。例如可利用 SMS 提取 GIS 地图中的河道数据,便于对相关问题进行模拟分析。

2. 网格化功能

自动网格生成（Automated Mesh/Grid Generation）,SMS 可以用于建立河流、河口（江口）、海湾或沼泽地区的 2D 和 3D 的有限元网格和有限差分网格。网格化工具包含一套复杂的生成和编辑工具,使处理复杂的模型显得相对的简单。用户可以运用上述工具来生成任何由矩形和三角形组成的网格来描述所要建模的区域（图 7.6）。强大的网格生成工具还可以与 GIS 对象连接,使 SMS 更容易使用、建模更为精确。

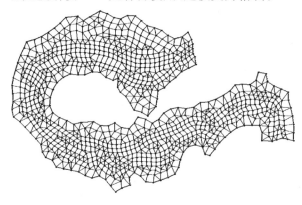

图 7.6　网格化功能

3. 河流建模功能

动态地研究水污染的迁移转化时,需先分析水体的水动力特性,视问题的复杂程度选取简单或复杂的水动力学模型模拟各类流场形态,并以此为基础再进行对污染物浓度场的分析研究。河流水力学可以使用 SMS 包含的 2D 模型（FESWMS, RMA2, HIVEL2D）进行仿真。河流模型允许用户预测在复杂水域（包括海湾、江河口和入海口）的水流方向、水流速度、水深。

4. 污染物迁移扩散模拟功能

系统选用水动力模型 RMA2 分段模拟松花江的水动力特性,形成流场;在此基础上采用 SMS 系统下的水质模型 RMA4 模拟污染物的迁移,最终形成可视化的污染物迁移模型,可以模拟污染物在表面水体中的迁移和降解过程。

7.4.2　地下水流动及物质迁移模拟软件系统

FEFLOW 是由德国 WASY（水资源规划与系统研究所）历时 20 多年的研究,开发出来的地下水流动及物质迁移模拟软件系统。该软件具有图形人机对话、地理信息系统数据接口、自动产生空间各种有限单元网、空间参数区域化及快速精确的数值算法和先进的图形视觉化技术等特点。

软件自问世以来，在理论研究和实际问题的处理上，经过了不断地发展、修改、扩充、提高。从 20 世纪 70 年代末至今，FEFLOW 经过了大量的测试和检验，成功地解决了一系列与地下水有关的实质性问题，如判断污染物迁移途径、追溯污染物的来源、海水入侵预测等，是迄今为止功能最为齐全的地下水模拟分析软件。模型主要特点如下：

1. 系统输入特点

通过标准数据输入接口，用户既能直接利用已有的 GIS 空间图形数据生成有限单元网格，也可以手动调整网格几何形状，加密或放疏网格。在建立地下水流模型时用户可以对边界条件增加特定的限制条件，以避免异常解的出现。所有模型参数、边界条件及附加条件既可设置为常数，也可定义为随时间变化的函数。FEFLOW 提供克里金（Kriging）、阿基玛（Akima）和距离反比加权法（IDW）等插值方法。输入数据格式既可以是 ASCII 码文件，也可以是 GIS 地理信息系统文件。

2. 系统模型求解特点

FEFLOW 采用伽辽金法为基础的有限单元法来控制和优化求解过程，内部配备了若干先进的数值求解法来控制和优化求解过程：

（1）快速直接求解法，如 PCG，BiCGSTAB，CGS，GMRES。

（2）灵活多变的 up-wind 技术，如流线 up-wind、奇值捕捉法（Shock Capturing），以减少数值弥散。

（3）皮卡和牛顿迭代法求解非线性流场问题，据此自动调节模拟时间步长。

（4）模拟污染物迁移过程包括对流、水动力弥散、线性及非线性吸附、一阶化学非平衡反应。

（5）为非饱和带模拟提供了多种参数模型，如指数式、Van Genuchten 式和多种形式的 Richards 方程。

（6）变动上边界（BASD）技术处理带自由表面的含水系统以及非饱和带的模拟。

（7）有限单元自动加密或放疏技术。

（8）实时显示非稳定流模拟过程中的水位和污染物动态变化值。

3. 系统输出特点

FEFLOW 提供了其他任何地下水模拟软件都无法比拟的、丰富实用的图形显示和数据结果分析工具。其先进的图形可视化及数据分析技术表现在：

（1）有限单元网格、边界条件和模型参数的三维可视化；三维彩色等势面显示以及二维平面彩色或等值线显示。

（2）三维地下水流线追踪，流动时间及流速动画显示。

（3）三维交叉断面图、剖面图与切片图显示。

（4）三维图形的交互旋转、放大或缩小。

（5）模型整体和局部水量均衡分析（包括任意几何多边形内的水流通量分析）。

（6）各种边界条件上的水流通量、物质通量以及在特定时间、空间内的水流积分量都可以由模型算出并以图形显示出来。

7.4.3　多介质环境逸度模型

1. 模型概要

多介质逸度模型是哈尔滨工业大学绿色化学研究中心为研究松花江水污染的多介质分布基于 SuperMap 平台开发的动态多介质逸度模型,即 IV 级逸度模型,比较全面地考虑了污染物在所研究环境系统中的迁移、转化过程,其优点在于既能适应非稳定污染源的排放,又能给出环境系统对污染物排放的响应时间。

逸度模型是 1991 年由加拿大多伦多大学化工系 Mackay 教授依据逸度(f)的观念和质量平衡原理发展出来的多介质模型,含空气、水体、土壤及沉积物等环境介质。其基本思想是利用逸度(f)结合传输系数(D),推导出污染物在各介质之间质量守恒方程,再由此系统方程式求解污染物在各个介质中的浓度分布,模拟污染物在环境中的归趋。

与浓度模型相比,逸度模型的优点主要为:

(1)逸度模型只需要污染物的理化性质及环境参数,模型中数学表达式更容易编制和运作,计算方法可推广到任意数目的环境介质构成的宏观或微观环境系统。

(2)逸度模型以热力学原理为基础,许多参数可以由热力学计算获得,减少了实验测定工作。

(3)利用逸度模型中的各种动力学和平衡参数可以比较各种迁移、转化和降解过程的速率,确定污染物在环境系统的主要变化过程,并合理解释模型的输出,有助于对环境监测数据的解释。

该动态多介质逸度模型主要是为模拟持久性有机污染物在环境多介质中的归宿而开发的,其涉及的环境相包括空气、水体、土壤、沉积物、悬浮物、鱼等。图 7.7 为动态多介质环境逸度系统架构图。

从而建立起来的逸度模型的基本方程如下:

污染物在各介质逸度 f 变化量为

$$\frac{\mathrm{d}f_i}{\mathrm{d}t} = \frac{I_i + \sum (D_j f_j) - D_{Ti} f_i}{V_i Z_i} \tag{7.1}$$

$$\frac{\mathrm{d}}{\mathrm{d}t}\begin{pmatrix} V_1 & Z_1 & f_1 \\ V_2 & Z_2 & f_2 \\ \cdots & & \\ V_n & Z_n & f \end{pmatrix} = \begin{pmatrix} -D_{T1} & D_{21} & \cdots & D_{N1} \\ D_{12} & -D_{T2} & \cdots & D_{N2} \\ \cdots & \cdots & \cdots & \cdots \\ D_{1n} & D_{2n} & \cdots & -D_{Tn} \end{pmatrix}\begin{pmatrix} f_1 \\ f_2 \\ \cdots \\ f_n \end{pmatrix} + \begin{pmatrix} I_1 \\ I_2 \\ \cdots \\ I_n \end{pmatrix} \tag{7.2}$$

式中:f_i 为介质 i 的逸度;Z_i 为介质 i 逸度容量(摩尔/立方米帕);V_i 为介质 i 的体积;I_i 为污染物排放量(摩尔/小时);D_{ji} 为污染物由 j 介传质输到 i 介质的传输系数(摩尔/百帕);D_{Ti} 为在 i 介质中污染物的总消减系数(摩尔/百帕)。

由于 Fugacity 模型中的传质系数皆为内定,而且每种污染物所代的值都一样,颇不合理,因此修改 Fugacity 内定的传质系数,使其合理化,除 D_{Ai}(对流的传输系数)与 D_{Ri}(反应的传输系数)外,其他的 D 值(传输系数 D_{ij})将以理论或半经验式计算求得。

参数是模型计算的重要支柱,模型所用的各种参数可以通过化学物结构参数来估算。

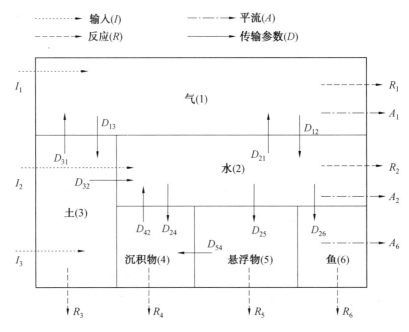

图7.7　动态多介质环境逸度系统架构图

需要率定的参数主要有如下几类：

①污染物的理化参数，包括饱和蒸汽压、水溶解度、辛醇/水分配系数、生物浓缩因子等。

②环境介质的环境参数，包括流速、温度、体积、密度以及逸度容量等。

③传输系数，包括有机物在相邻环境介质单元间的传质参数、有机物在单个介质中的衰减参数，以及有机物随介质流动的传输参数。

传质系数和各项参数估算后，输入模型内的数据库，系统运行时，调用数据库中的这些参数，介质的体积、各项面积将在 SuperMap 界面中读取。

由于模型中的每一个方程都含有两个以上的变量，而且许多变量在各个方程中是互相穿插的，用解析解的方法来求解它们是相当困难的，所以必须采用数值解的方法。由于四阶 Runge-Kutta 法具有精度高、收敛、稳定，计算过程中可以改变步长，不需要计算高阶导数等优点，本系统以四阶 Runge-Kutta 法进行数值求解，动态模拟出污染物在各介质中逸度、浓度、质量的时空变化情形。

2. 模型主要模块

模型系统主要包括如下三个模块：模拟查询模块、模拟过程模块、模拟结果模块。

（1）模拟查询模块：系统查询人机交互友好、数据管理方便，如图 7.8 所示。系统的环境信息输入界面嵌入 SuperMap 平台，系统调用数据库中流域专题图，能以点选区域，自定义多边形区域的方式选择所模拟的区域。

（2）模拟过程模块：模拟过程模块包括单相、多相模拟模块，如图 7.9 和图 7.10 所示；全排放模拟模块、半排放模拟模块、三分之一排放模块、四分之一排放模块；浓度模拟模块、逸度模拟模块、质量模拟模块等。

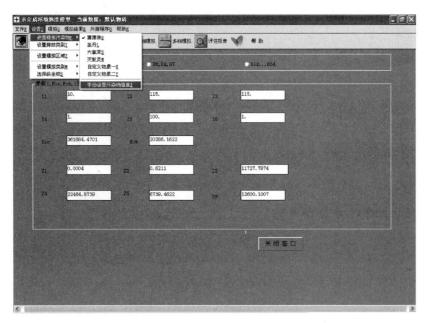

图 7.8　化学品性质参数输入平台

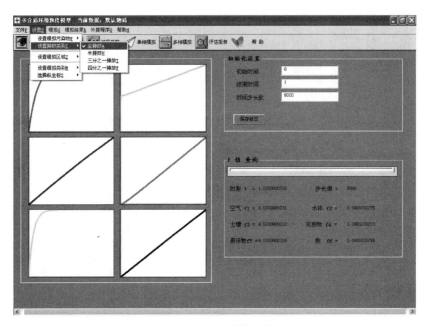

图 7.9　单相模拟过程

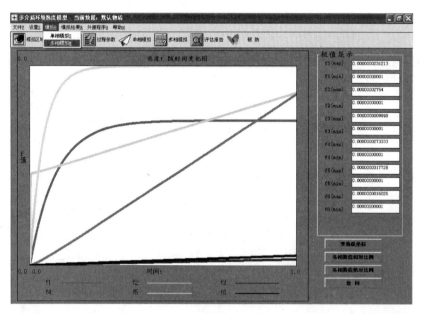

图 7.10　多相模拟过程

（3）模拟结果模块：模拟结果模块包括中间结果、最终结果、灵敏度分析以及报告生成模块，如图 7.11 和图 7.12 所示。

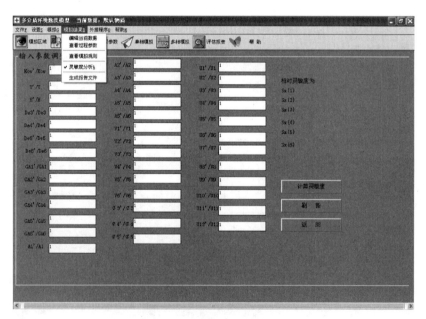

图 7.11　灵敏度分析模块

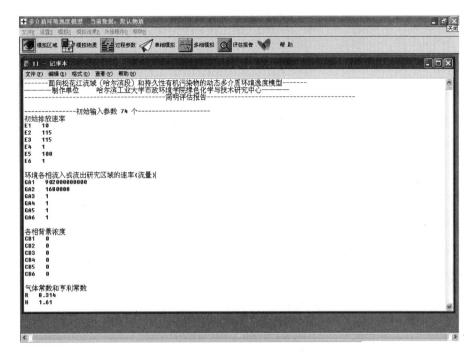

图 7.12　报告生成模块

3. 硝基苯的归宿模拟研究

2005 年 11 月 13 日 13 时 45 分,中国石油吉林石化公司双苯厂爆炸事件导致松花江水体受到极大污染,权威机构估计进入江水的硝基苯量约 100 吨左右。这里对该污染事件做了一些模拟研究。

(1)环境参数。

涉及的环境参数如下:

①水流长度从双苯厂算起,至入海口全长估算约 1 400 千米;平均水深 3~5 米(计算时取 4 米);水流体积估算为 $5.6×10^9$ 立方米;江面平均有效宽度估计为 1 千米;有效水流面积估算为 $1.4×10^9$ 平方米。

②水上气体面积用有效水流面积的两倍做估计,为 $2.8×10^9$;混合层高度取 1 000 米;气体体积估算为 $2.8×10^{12}$ 立方米。

③岸边土壤面积以有效水流面积做估计,为 $1.4×10^9$ 平方米;土壤深度估算为 0.2 米;土壤体积估算为 $2.8×10^{10}$ 立方米。

④水底沉积物面积以有效水流面积的 1.5 倍做估计,为 $2.1×10^9$ 平方米;沉积物深度 0.2 米;沉积物体积估算为 $4.2×10^8$ 立方米。

⑤江水流速在 2~3 千米/小时(计算时取 0.6 米/秒);水流量为 $8.64×10^6$ 立方米;风速取 3.5 米/秒。

⑥气温约为 273 开尔文(0 ℃)。

表 7.8 详细列出了主要的环境参数。

表7.8 主要环境参数

项目	单位	数值	项目	单位	数值
大气面积 A1	平方米	2.80×10^9	大气高度 H1	米	1.00×10^3
水体面积 A2	平方米	1.40×10^9	水体深度 H2	米	4
土壤面积 A3	平方米	1.41×10^9	土壤深度 H3	米	0.2
沉积物面积 A4	平方米	2.11×10^9	沉积物厚度 H4	米	0.2
悬浮物面积 A5	平方米	1.00×10^4	环境温度 T	开尔文	2.73×10^3
鱼体面积 A6	平方米	1.00×10^4	气平流速率 GA1	立方米/小时	2.16×10^{10}
大气体积 V1	立方米	2.80×10^{12}	水平流速率 GA2	立方米/小时	8.64×10^{11}
水体体积 V2	立方米	5.60×10^9	土密度 ρ_3	吨/立方米	2.65
土壤体积 V3	立方米	2.80×10^8	沉积物密度 ρ_4	吨/立方米	2.5
沉积物体积 V4	立方米	4.20×10^8	悬浮物密度 ρ_5	吨/立方米	1
悬浮物体积 V5	立方米	2.45×10^4	鱼密度 ρ_6	吨/立方米	1
鱼体体积 V6	立方米	4.91×10^4			

(2)理化参数。

单从有机物的物理化学性质来区分,严格来说,硝基苯不能算作一般意义的持久性有机污染物,其在水中的半衰期在一个月之内,就这点而言硝基苯与持久性有机污染物是有一些差别的,从环境污染或者毒性的严重程度而言,其危害均较持久性有机污染物差一个级别,也包括污染的持续性和广泛性。但正是其这种"类持久性有机污染物"性质的存在,对它的环境影响评估是可能的。所需的参数见表7.9。

表7.9 硝基苯的理化参数

项目	单位	值	项目	单位	值
摩尔质量	克/摩尔	123.11	分子式	无量纲	$C_6H_5NO_2$
饱和蒸汽压	帕	130	Log Kow	无量纲	1.89
水溶解度	克/立方米	0.0055	沸点 Tb	开尔文	484
大气中的半衰期	小时	50	沉积物中的半衰期	小时	2 000
水体中的半衰期	小时	763	悬浮物中的半衰期	小时	1 000
土壤中的半衰期	小时	2000	鱼体中的半衰期	小时	5 000

(3)其他参数。

①初始排放速率:只考虑排入水体的量,用起始排入量(100吨)与相应模拟时长(单位:小时)作商即可得到速率值。需要注意的是,该值为均值(即已当作面源,而非点源)。

②模拟时长与模拟步长(针对上述数据的最优比在 1∶2 000)。

③每次重新模拟时需要更改初始排放速率。

(4)输出结果。

模拟结果包括浓度模拟结果和质量模拟结果部分。模拟污染物在各环境介质中的浓度随时间的变化趋势以及在各介质中的分布比例,相应计算结果如下。

①浓度模拟结果:硝基苯在各介质中的浓度随时间变化趋势如以下图表所示。

表 7.10　模拟计算结果(摩尔浓度:摩尔/立方米)

各相浓度	100 小时	200 小时	300 小时	500 小时	800 小时	1 300 小时
气	7.90×10^{-9}	8.70×10^{-9}	8.50×10^{-9}	7.50×10^{-9}	6.10×10^{-9}	4.50×10^{-9}
水	1.21×10^{-2}	1.11×10^{-2}	1.01×10^{-2}	8.54×10^{-3}	6.79×10^{-3}	4.88×10^{-3}
土	2.61×10^{-8}	2.91×10^{-8}	2.84×10^{-8}	2.51×10^{-8}	2.05×10^{-8}	1.50×10^{-8}
沉积物	5.44×10^{-2}	5.01×10^{-2}	4.60×10^{-2}	3.90×10^{-2}	3.11×10^{-2}	2.24×10^{-2}
悬浮物	1.50×10^{-9}	8.50×10^{-9}	8.40×10^{-9}	8.20×10^{-9}	8.00×10^{-9}	7.70×10^{-9}
鱼	6.99×10^{-2}	1.34×10^{-1}	1.88×10^{-1}	2.78×10^{-1}	3.75×10^{-1}	4.74×10^{-1}

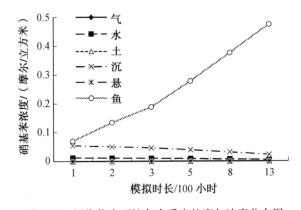

图 7.13　污染物在环境各介质中的摩尔浓度分布图

表 7.11　模拟计算结果(质量浓度:毫克/升)

各相浓度	100 小时	200 小时	300 小时	500 小时	800 小时	1 300 小时
气	9.72×10^{-6}	1.07×10^{-6}	1.05×10^{-6}	9.23×10^{-7}	7.51×10^{-7}	5.54×10^{-7}
水	1.49	1.36	1.24	1.05	0.83	0.60
土	3.25×10^{-6}	3.58×10^{-6}	3.50×10^{-6}	3.09×10^{-6}	2.52×10^{-6}	1.84×10^{-6}
沉积物	6.69	6.17	5.67	4.80	3.82	2.75
悬浮物	1.05×10^{-6}	1.05×10^{-6}	1.03×10^{-6}	1.00×10^{-6}	9.84×10^{-7}	9.47×10^{-7}
鱼	8.85	1.65	23.18	34.19	46.18	58.36

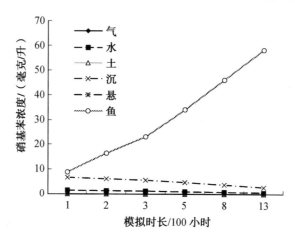

图 7.14　污染物在环境各介质中的质量浓度分布图

表 7.10 和图 7.13 显示,水体、沉积物、鱼体是硝基苯的主要归宿,硝基苯在沉积物、鱼体中的浓度均已达到 1 毫克/升以上,并且硝基苯在鱼体、沉积物中的浓度要远大于其他环境介质。

图 7.13 和图 7.14 显示,硝基苯在环境各介质中的浓度随着时间的变化规律是:在鱼体中的硝基苯的浓度是不断上升的,而沉积物和水中是不断下降的;鱼体中的浓度上升较快,而在水中和沉积物中浓度降低较慢。

在鱼体中上升速率快主要是由于较强的生物累积性导致,而在水中和沉积物中浓度降低较慢主要是由于其密度(相对密度 1.2)比水大,所以会沉入水底被水底沉积物大量吸附,而后因为其在水中具有一定的溶解度(0.19 克/100 克,293 开尔文),水底沉积物中的部分硝基苯又再次进入水体,在这种水和沉积物两相间的动态平衡中,伴随着衰减的进行两相中的硝基苯浓度慢慢降低。

对于上述结果做两点说明:

一是上述各值是在将污染源假设为面源,并且污染物在环境各介质中混合均匀的前提条件下计算而来的,所以只能反映一段时期内的平均污染水平及污染变化趋势,不能作为某个具体断面的浓度参考值。

二是部分参数通过估算或者经验假设而来,最终结果与实际情况可能存在一定误差。

②质量模拟结果:考虑到各介质的体积对比关系以及当时模拟时刻,下文将着重考察 300 小时以后,硝基苯在水体和沉积物中的质量模拟结果。

表 7.12　硝基苯在水体与沉积物中的总量模拟结果

各相质量	300 小时	500 小时	800 小时	1 300 小时	均值
水	6.96×10^7	5.89×10^7	4.68×10^7	3.37×10^7	5.23×10^7
沉积物	2.38×10^7	2.02×10^7	1.61×10^7	1.16×10^7	1.79×10^7

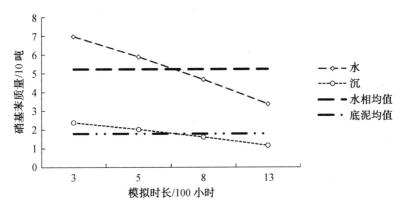

图 7.15　硝基苯在水体与沉积物中的总量分布

表 7.13　硝基苯在水体与沉积物中的量占总量的百分比

各相比例	300 小时	500 小时	800 小时	1 300 小时	均值
水	69.69%	58.90%	46.80%	33.70%	52.3%
沉积物	23.80%	20.20%	16.10%	11.60%	17.9%

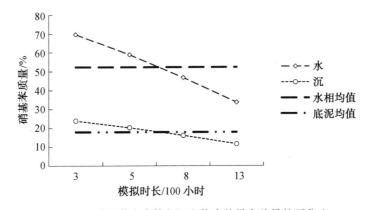

图 7.16　硝基苯在水体与沉积物中的量占总量的百分比

图 7.15 和图 7.16 显示,硝基苯在水中的质量下降速率高于沉积物中的质量下降速率。对 300 小时之后的数据进行平均处理,估计一段时间以内,水体中硝基苯的平均量约为 52.3 吨,占排入总量的 52.3%;沉积物中硝基苯的平均量约为 17.9 吨,占排入总量的17.9%。

7.5　基于 GIS 的松花江水污染应急决策支持管理平台的开发与应用

7.5.1　系统总体简述

松花江水污染应急决策支持管理 GIS 平台系统建立基于网络技术和 GIS 技术的区域

环境污染事故应急、预警系统,为突发性流域环境事故的预警、处理提供了先进的技术手段、应急技术方案和决策支持,提出多目标、多级别的安全预警方案、应急对策和相应的保障措施,并建立污染物持续影响的经济损失、环境污染与生态破坏损失的综合分析评估系统,为沿流域各级政府和管理部门提供污染管理的战略层面的决策支持。同时也可在常规情况下对大区域进行动态监测,建立对污染物持续影响的经济损失和生态破坏的综合分析评估系统,为各级政府和管理部门提供战略决策提供重要科技支持。

1. 开发语言与技术

本系统基于北京超图地理信息技术有限公司的组件式 GIS 开发平台 SuperMap 5.0 进行开发,开发语言为 Microsoft Visual Basic 6。VB6 可以方便快捷地开发基于 COM 和 ActiveX 的应用程序,是进行 GIS 二次开发很好的语言。系统主要模块都在 SuperMap Objects 的基础上使用 ActiveX DLL 进行了封装。对一些通用界面模块,如可自动完成的文本框、下拉列表框,采用了自定义控件的方法。系统中的属性提取、自动标注、自动成区等功能以策略模式的方法提供,可以随时改进替换为新的算法。

2. 数据库

数据库采用 SQL Server 2000,空间数据与专题数据均存储在 SQL Server 2000 中。其中,采用 SuperMap SDX+ 完成空间数据的存储与管理,空间数据库主要包括 1∶4 000 000 基础数据库、1∶250 000 基础数据库、1∶50 000 基础数据库、1∶10 000 基础数据库,通过建立多尺度的空间信息库,为本项目提供空间数据基础;专题属性数据(二维表)信息存储在 SQL Server 中的技术已成熟,可以直接采用相关的信息录入程序完成。

7.5.2 系统架构

本系统运行于 Windows 2000/XP 平台上,采用 Client/Server(服务器-客户机)体系结构。图 7.17 反映了系统的 4 个层次——客户端表现层、服务器层、应用逻辑层和数据层之间的相互联系,以及每个层次所依托的硬件和软件系统。

7.5.3 系统数据

系统信息包括非空间属性信息和空间信息两大类。

1. 非空间数据信息

(1)松花江硝基苯污染数据。

数据来源:黑龙江、吉林两省省监测站,哈尔滨市环境监测站,肇源县监测站,佳木斯市监测站,吉林市监测站等相关部门。

数据内容:所有硝基苯和苯浓度数据(包括各监测断面水、冰、底泥中硝基苯和苯浓度)。

数据范围:松花江水系17个监测断面,第二松花江水系13个监测断面。

时间范围:污染发生至2006年6月。

数据用途:建立松花江流域污染专题数据库,用于决策支持管理平台污染预测、模拟仿真、影响评估、应急对策等功能块构建。

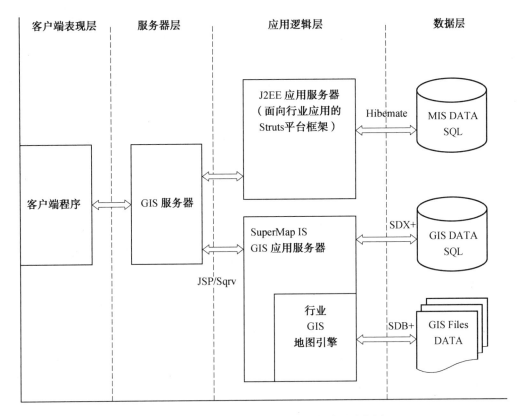

图 7.17　决策支持管理平台各层次关系示意图

（2）沿江排污数据。

数据来源：原黑龙江、吉林两省省环保局污控处、原哈尔滨市环保局污控二处,原吉林市环保局污控处及其他相关部门。

数据内容：①沿江污染企业：企业名称、地理位置（地理坐标,精确到秒）、类型、负责人姓名、联系方式、主要产品、生产规模、排污口数量、主要污染物、各污染物排放量、环保审批情况、治理措施等相关内容；②城市沿江排污口：排污口名称、地理位置（地理坐标,精确到秒）、类型、归属部门、负责人姓名、联系方式主要排放污染物、各污染物排放量、排放总量、环保审批情况、治理措施等相关内容。

数据范围：①沿江污染企业：松花江水系干流包括第二松花江、松花江及嫩江,所有支流沿岸 50 千米范围内；②城市沿江排污口：吉林市、哈尔滨市、齐齐哈尔市、佳木斯市、牡丹江市等大中城市。

时间范围：2000 年至 2005 年底。

数据用途：建立沿江污染点源数据库,用于决策支持管理平台污染预测预警、模拟仿真、影响评估、应急对策等功能块构建。

（3）松花江流域水质常规检测基础信息数据。

数据来源：黑龙江、吉林两省省环境监测站,哈尔滨市环境监测站,肇源县监测站,佳木斯市监测站,吉林市监测站等其他相关部门。

数据内容:监测站位置(地理坐标,精确到秒)、pH 酸碱度、悬浮物、总硬度、溶解氧、高锰酸盐指数、生化需氧量、亚硝酸盐、硝酸盐、挥发酚、总氰化物、总砷、总汞、六价铬、总铅、总镉、石油类、电导率等 27 项常规监测指标。

数据范围:松花江水系 17 个监测断面,第二松花江水系 13 个监测断面常规监测数据。

时间范围:2000 年至 2005 年(12 次/年)。

数据用途:建立松花江流域污染专题数据库,用于决策支持管理平台污染预测预警、模拟仿真、影响评估、应急对策等功能块构建。

(4)松花江流域河道水利数据。

数据来源:黑龙江、吉林两省航务管理局、水文局及其他相关部门。

数据内容:水位、水体流速、流速分布、河流剪切流速、水体流量、温度变化、河宽、断面水深分布、平均水深、河床坡度(纵向、横向)、底质类型分布、天然河道糙率、悬移质厚度、推移质厚度、渗漏点位置、渗漏量、水文站各监测断面位置监测站位置(地理坐标,精确到秒)、河流两岸土地类型、分布及面积、有机质含量、土地坡度、植物覆盖率、土地用途等河道水利数据。

数据范围:松花江水系(第二松花江、松花江、嫩江)干流及所有支流。

时间范围:2000 年至 2005 年所有水期。

数据用途:建立松花江水污染仿真预警平台数据库,用于决策支持管理平台污染预测、模拟仿真、影响评估、应急对策等功能块构建。

(5)地下水地质水文数据。

数据来源:哈尔滨市水务局、哈尔滨市土地局、哈尔滨市水利局水资源管理办公室及其他相关部门。

数据内容:地下水文地质切面图、探测井柱状图、深水井分布情况监测站位置(地理坐标,精确到秒)、水平衡等相关内容。

数据范围:哈尔滨市市区、佳木斯市市区。

时间范围:2000 年至 2005 年所有水期

数据用途:建立哈尔滨市和佳木斯市地下水资源仿真平台数据库,用于决策支持管理平台污染预测、模拟仿真、影响评估、应急对策等功能块构建

(6)社会经济统计数据。

数据来源:黑龙江、吉林两省统计局及其他相关部门。

数据用途:建立经济损失仿真模型及预警应急策略。

(7)预留信息。

污染治理及管理资料;相关政策法规;相关污染物理化特性等、国标体系等空间数据信息。

2. 空间数据信息

(1)流域地形图。

流域地形图和主城区图及其属性信息(基础地理信息图),包括植被、图斑、行政界线、道路、水系、居民地等。

①1 ：4 000 000 数据(黑龙江省和吉林省全境)。

②1 ：250 000 数据(松花江、嫩江流域流经黑龙江省和吉林省的 100 千米范围)。

③1 ：50 000 数据(松花江、嫩江流域流经黑龙江省和吉林省的 10 千米范围)。

④1 ：10 000 数据(松花江、嫩江流域流经黑龙江、吉林两省重要城市——哈尔滨市、吉林市、佳木斯市)。

(2)专题图。

①松花江流域人口分布信息图。

②松花江流域污染源分布状态图及其属性信息,包括工业点源分布图、生活面源分布图(城市、农村)。

③沿江农业用地类型、商品粮基地、绿色食品生产基地、养殖基地、水产基地等农业功能区;自然保护区、水源地保护区等生态功能区分布专题图。

④松花江流域水系底质分布专题图。

⑤松花江流域沿江主要城市排污企业分布专题图。

⑥松花江流域沿江主要城市排污口分布专题图。

7.5.4　系统主要功能及界面简介

1. 系统主界面与菜单

在本系统中利用地理信息系统,在电子地图上以可视化的形式显示监控主界面,将所有纳入监控系统的监测点位显示在电子地图中,实现对各个站点的实时监控。主界面如图 7.18 所示。

图 7.18　决策支持管理平台主界面图

2. 信息查询

信息查询功能包括查询定位和统计分析功能。查询定位功能可实现空间对象信息查询、使用对象基本属性空间定位、使用统计指标空间定位等;统计分析功能可对沿江工业、农业、养殖业、监测断面、排污口、水文信息等的属性数据以地图、专题图、统计图、表格等各种表现形式进行分析统计。操作人员可以在权限范围内实现 GIS 的基本功能,可以对图形进行多尺度的浏览、缩放、漫游等操作。

3. 分析预测

分析预测实现的功能包括数据分析和仿真模拟。

数据分析包括时间走势分析和空间走势分析两方面;仿真模拟包括水质分析、多介质分析、地下水分析三方面。

(1)时间走势分析。

通过对已给定的五个可选参数,以直观的方式表现某个监测点(共 30 个)在选定时间段的污染物浓度。其中这五个可选参数包括监测断面、污染物名称、监测对象类型和时间段(起始时间和终止时间)。

具体的实现方法是通过与后台数据库连接,根据选定的查询条件在图表中给出结果。

例如选定监测断面"松花江村",污染物"硝基苯",对象类型"水",起始时间"2005-12-24",终止时间"2005-12-31",可得出如下结果(图 7.19)。

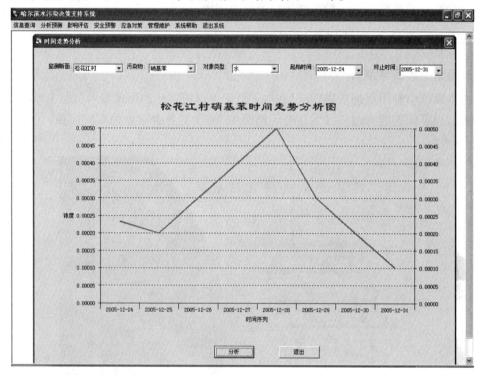

图 7.19 时间走势分析图

(2)空间走势分析。

通过对已给定的四个可选参数,以直观的方式表现 30 个监测点在选定时间的污染物浓度。其中这四个可选参数包括省份、时间、对象类型和污染物。

具体的实现方法是通过与后台数据库连接,根据选定的查询条件使用二维条状图显示结果。

例如选定省份"吉林省",时间"2005-12-24",对象类型"水",污染物"硝基苯",可得出如下结果(图 7.20)。

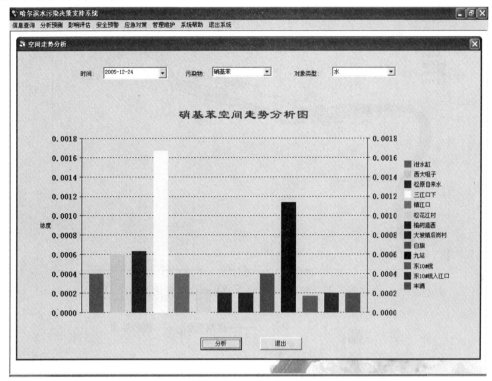

图 7.20 空间走势分析图

(3)水质分析。

在 SMS 系统中,RMA4 为 RMA2 相应的水质模型,利用 RMA2 生成的水力模型,输入某一时段起始端面的硝基苯的实测浓度,对河段中硝基苯的浓度进行模拟,弥散系数的估计值为 1 000 平方米/秒,忽略河流降解。部分模拟结果如图 7.21 所示。

从实测值和模拟值的对比来看,如图 7.22 所示,实测值与模拟值拟合得比较好。考察实测值与模拟值的相对误差,中值误差为 0.354 1。

SMS 能比较准确地模拟水体受污染后不同时段不同河段污染物的浓度,通过决策系统和专家知识库的帮助,水污染决策系统能够帮助管理者提出预警,并生成一个完整的技术和政策上的应急对策。

(4)多介质分析。

多介质分析是调用多介质逸度模型对污染物硝基苯在多介质中的归趋进行分析。这里的多介质包括水体、空气、土壤、沉积物、悬浮物和鱼体,如图 7.23 所示。

浓度模拟结果和质量模拟结果显示:

①硝基苯在鱼体、沉积物中的浓度要远大于其他环境介质。

②硝基苯在各介质中的浓度升高速率各不相同,在鱼体中速率最大,在大气中速率最小。

③硝基苯在各介质中的浓度降低速率各不相同,硝基苯在水中的质量下降速率高于沉积物中的质量下降速率。

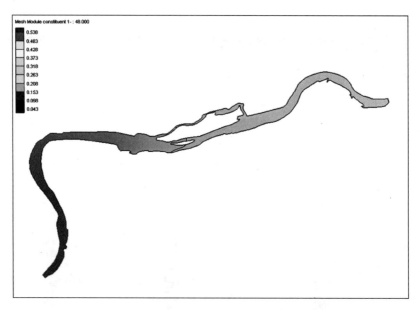

图 7.21　模拟 48 小时后硝基苯浓度变化图

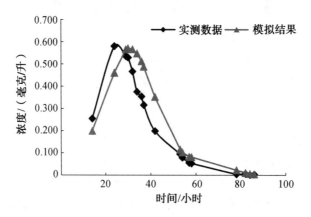

图 7.22　四方台断面硝基苯浓度模拟值与实测值对比图

④一段时间（1 300 小时）之内其趋向于累积在水体（52.3%）和沉积物（17.9%）中。

（5）地下水分析。

地下水分析是调用 FEFLOW 软件对地下水进行分析。

4. 影响评估

影响评估是深入考察本次污染事件对松花江流域周边城市的经济影响,本经济专题数据库为松花江硝基苯污染 GIS(地理信息系统)决策支持管理平台的经济预警系统提供所需的相关经济信息。通过建立好的经济模型,计算出在某个时间城市的经济损失。其中城市的经济损失评估包括八个方面:给排水公司经济损失评估、农业经济损失评估、工业经济损失评估、居民生活经济损失评估、养殖业经济损失评估、生活秩序与消费心理经济损失评估、旅游业经济损失评估和餐饮业经济损失评估。在松花江水污染决策支持管理平台选择"经济损失预测",进入经济损失评估选择界面,选择要评估的经济损失方向,

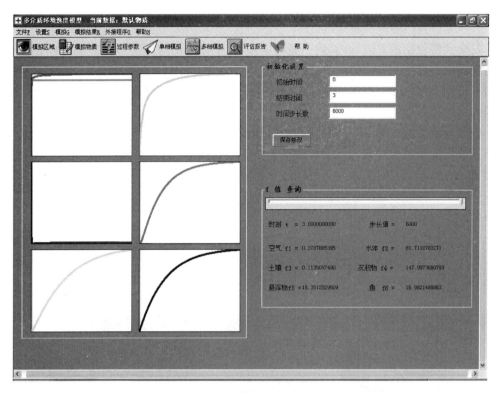

图 7.23　多相模拟过程浓度变化

进入经济损失查询界面,然后根据给出的两个查询项:城市名称和时间,对经济损失进行专项评估,也可以对某个城市的总体经济损失进行汇总。图 7.24 是哈尔滨市经济损失评估汇总查询结果。影响评估还包括生态影响评估,生态影响评估可实现硝基苯污染对农牧渔业生产危害及其产品造成的影响的评估分析。

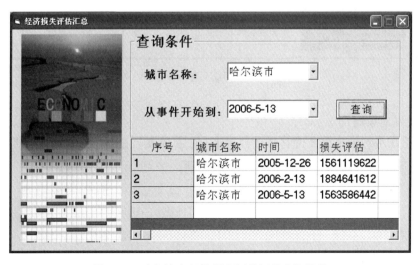

图 7.24　哈尔滨市经济损失评估汇总查询结果

5. 安全预警与应急对策功能

安全预警包括两方面的内容:一是污染预警,根据污染仿真预测模型预测的结果和给定的污染阈值确定污染预警等级,并以不同的颜色在专题图上显示出来;二是经济预警,根据经济损失预测模型得出的预测结果和给定的经济损失阈值确定经济预警等级,并以不同的颜色在专题图上显示出来。

应急对策功能可针对不同的污染预警等级和经济预警等级生成多种应急对策方案,包括行政对策和技术对策。其中行政对策分四级:红色应急对策,橙色应急对策,黄色应急对策,绿色应急对策;技术对策分四级:红色应急对策,橙色应急对策,黄色应急对策,绿色应急对策。同时该功能还可对各种对策方案进行比较分析,给出最优的应急对策以供决策者参考。

(1)污染预警查询。

在松花江水污染决策支持管理平台选择"污染预警",进入污染预警平台,填写预测数据"20",可以显示计算结果"橙色二级警报",如图7.25所示。

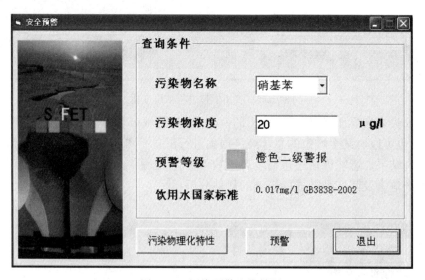

图7.25　污染预警查询结果

(2)技术对策查询。

在松花江水污染决策支持管理平台点击"应急对策",选择"技术对策",即可以查询"橙色二级警报"的对应技术策略,如图7.26所示。

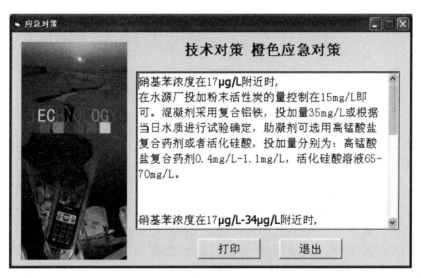

图 7.26　技术对策查询结果

（3）行政对策查询。

在松花江水污染决策支持管理平台点击"应急对策"，选择"行政对策"中的"红色应急对策"，查询结果如图 7.27 所示。

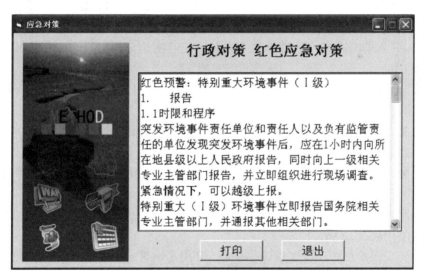

图 7.27　行政对策查询结果

参 考 文 献

[1] 李文焱. 决策支持系统发展综述[J]. 电脑迷,2017(7):168.

[2] 梁郑丽,贾晓丰. 决策支持系统理论与实践[M]. 北京:清华大学出版社,2019.

[3] 陈文伟. 决策支持系统教程[M]. 3 版. 北京:清华大学出版社,2017.

[4] 蒋洪强,吴文俊,刘年磊,等. 流域水污染防治规划决策支持系统——方法与实证[M]. 北京:中国水利水电出版社,2016.

[5] CHANG K. 地理信息系统导论[M]. 陈健飞,译. 北京:科学出版社,2016.

[6] 张猛,李天,郭伟. 地理信息系统在环境科学中的应用[M]. 2 版. 北京:清华大学出版社,2016.

[7] 高洪深. 决策支持系统(DSS)理论·方法·案例[M]. 3 版. 北京:清华大学出版社,2006.

[8] 汤洁,卞建民,李昭阳,等. 3S 技术在环境科学中的应用[M]. 北京:高等教育出版社,2009.

[9] 王开运,徐建华,俞立中. 基于生态承载力的空间决策支持系统开发与应用[M]. 北京:科学出版社,2017.

[10] 周英,卓金武,卞月青. 大数据挖掘系统方法与实例分析[M]. 北京:机械工业出版社,2016.

[11] 邬伦,刘瑜,张晶,等. 地理信息系统——原理、方法和应用[M]. 北京:科学出版社,2013.

[12] 奚旦立,孙裕生,刘秀英. 环境监测[M]. 3 版. 北京:高等教育出版社,2004.

[13] 郑彤,陈春云. 环境系统数学模型[M]. 北京:化学工业出版社,2003.

[14] 高廷耀,顾国维,周琪. 水污染控制工程(下册)[M]. 3 版. 北京:高等教育出版社,2007.

[15] 国家环境保护总局环境工程评估中心. 环境影响评价技术方法[M]. 北京:中国环境科学出版社,2009.

[16] 国家环境保护总局环境工程评估中心. 环境影响评价相关法律法规[M]. 北京:中国环境科学出版社,2009.

[17] 国家环境保护总局环境工程评估中心. 环境影响评价技术导则与标准汇编[M]. 北京:中国环境科学出版社,2009.

[18] 张淼,潘杰,刘生财,等. 基于 Feflow 的地下水污染数值模拟及预测——以宁波某印染厂为例[J]. 绍兴文理学院学报(自然科学版),2017(7):21-27.

[19] 萨师煊,王珊. 数据库系统概论[M]. 3 版. 北京:高等教育出版社,2002.

[20] 王金南,毕军. 排污交易:实践与创新——排污交易国际研讨会论文集[M]. 北京:中国环境科学出版社,2009.

[21] 王鹏. 定量构效关系及研究方法[M]. 哈尔滨:哈尔滨工业大学出版社,2011.

[22] 张成,刘胜利,崔崇威,等. 严寒地区湖库型水源净水厂运行管理[M]. 哈尔滨:哈尔滨工业大学出版社,2013.

[23] 刘永懋,王稔华,翟平阳. 中国松花江甲基汞污染防治与标准研究[M]. 北京:科学出版社,1998.

[24] 陈宜瑜,王毅,李利锋,等. 中国流域综合管理战略研究[M]. 北京:科学出版社,2007.

[25] 程声通. 环境系统分析教程[M]. 北京:化学工业出版社,2006.

[26] 徐富春. 环境信息技术应用与管理实践[M]. 北京:化学工业出版社,2005.

[27] 吴邦灿. 环境监测技术[M]. 北京:中国环境科学出版社,1995.

[28] 柯斯乐. 扩散流体系统中的传质[M]. 王宇新,姜中义,译. 2版. 北京:化学工业出版社,2002.

[29] 董志勇. 环境水力学[M]. 北京:科学出版社,2006.

[30] 宋乾武,代晋国. 水环境优先控制污染物及应急工程技术[M]. 北京:中国建筑工业出版社,2009.

[31] 鄢世阳,王中钰,陈景文,等. 反映我国空间分异特性的多介质环境逸度模型的构建及十溴二苯醚的归趋模拟[J]. 生态毒理学报,2021,16(2):127-139.

[32] 闫钟月,支瑞荣,葛超英,等. 基于空间分析与数据库技术的草地环境快速评价技术[J]. 科技创新与应用,2021,11(14):33-37,41.

[33] 张长江,陈雨晴. 中国环境治理领域研究热点及发展态势——基于CNKI数据库的知识图谱分析[J]. 河南理工大学学报(社会科学版),2021,22(3):30-39.

[34] 李辉. 水环境突发污染应急处置数据库系统开发及应用研究[J]. 信息与电脑(理论版),2019(5):173-174.

[35] 陈正侠,丁一,毛旭辉,等. 基于水环境模型和数据库的潮汐河网突发水污染事件溯源[J]. 清华大学学报(自然科学版),2017,57(11):1170-1178.

[36] 吴倩. 若尔盖高寒湿地环境信息数据库的构建与系统的实现[D]. 绵阳:西南科技大学,2018.

[37] 谢超颖,张丹丹,田智慧,等. 流域水环境多目标多部门综合管理数据库关键技术研究[J]. 水利水电技术,2018,49(1):128-135.

[38] 孙菲. 突发环境事件特征分析与应急技术支持数据库建设[D]. 青岛:山东科技大学,2017.

[39] 周雪欣,罗昊. 地理数据库的构建及其在水利工程环境影响评价中的应用研究[J]. 环境科学与管理,2016,41(11):172-176.

[40] 梁乃生,杨雄,黄小雪,等. 基于ARCGIS水环境功能区划空间数据库建设研究[J]. 四川环境,2016,35(4):49-54.

[41] 曲婷婷. 基于GIS松花江哈尔滨段水环境信息数据库管理系统的研究[D]. 哈尔滨:哈尔滨师范大学,2016.

[42] 张芳园. 南四湖流域水环境信息多源数据库构建技术[D]. 青岛:青岛理工大

学,2011.

[43] 黄明祥,张波,李顺,等. 流域水环境空间数据库建设探讨[C]//中国环境科学学会.2011 中国环境科学学会学术年会论文集(第三卷). 北京:中国环境出版社,2011:716-721.

[44] 孙胜杰. 基于 GIS 的跨界水环境事故风险源识别数据库的开发[D].哈尔滨:哈尔滨工业大学,2011.

[45] 高梓闻,徐月,亦如瀚. 典型有机氯农药在珠三角地区多介质环境中的归趋模拟[J].环境科学,2018,39(4):1628-1636.

[46] 李艳梅,余强,杨文杰,等. 环境大数据在我国环境治理中的应用研究[J].环境与可持续发展,2021,46(3):160-164.

[47] 陈鹏,白杨,刘孝富,等. 环境大数据在流域生态系统中的分析与应用——以西毛里湖为例[J].环境保护,2018,46(19):61-67.

[48] 纪碧华,刘增贤,李琛,等.面向长三角一体化的太湖流域智能水网建设构想[J].水利水电快报,2021,42(9):85-90.

[49] 陈媛华,张丽娜,李杰,等. 基于知识库的流域污染事故应急决策支持系统的设计[J].安徽农业科学,2013,41(29):11896-11899,11912.

[50] 方强,李江,刘洋,等.基于 Bootstrap 与 ArcGIS API 的流域水生态环境管理决策支持系统构建[J].江苏科技信息,2016(15):75-77.

[51] 李俊双. 基于深度学习的数据融合在空气质量监测的研究与应用[D].沈阳:中国科学院大学(中国科学院沈阳计算技术研究所),2021.

[52] 许燕颖. 基于 BP 神经网络与 WPI 的桃江水质评价及成因分析[D].赣州:江西理工大学,2021.

[53] 杨晓峰. 基于 LBFGS 神经网络的水质评价方法优化研究[J].智能计算机与应用,2021,11(3):134-137,142.

[54] 查恩爽,肖霄. 吉林省西部潜水资源与生态环境风险分析——以洮儿河扇形地为例[J].水文地质工程地质,2021,48(1):36-43.

[55] 葛新越,王宜怀,周欣.GA-BP 神经网络在 NB-IoT 水质监测系统中的应用研究[J].现代电子技术,2020,43(24):30-33,37.

[56] 杨猛. 吉林省松花江流域水质变化趋势及对策研究[D].长春:吉林大学,2019.

[57] 王芳. 关于松花江流域水污染防治策略探究[J].环境与可持续发展,2017,42(2):178-179.

[58] 田恬,李红华,郭晓,等. 松花江流域水污染防治规划决策支持系统构建与应用[J].环境保护,2016,44(21):63-66.

[59] 杨立国.松花江水污染防治对策[J].民营科技,2012(1):111.

[60] 李玮,褚俊英,秦大庸,等. 松花江流域水污染特征及其调控对策[J].中国水利水电科学研究院学报,2010,8(3):229-232.

[61] 纪峰. 松花江中硝基苯类污染物应急检测及水质达标技术研究[D].哈尔滨:哈尔滨工业大学,2010.

［62］张洪杰,徐向舟,张兴文.突发性水污染事故有机废水处理技术研究进展——以松花江硝基苯污染为例［J］.水资源与水工程学报,2009,20(5):67-71.

［63］刘志生,尹军,于玉娟,等.受硝基苯污染地下水的村镇分散应急处理技术［J］.哈尔滨工业大学学报,2008,40(12):1977-1980.

［64］涂少华.对突发事故含乳化液甲苯和硝基苯废水处理应急调控策略［D］.哈尔滨:哈尔滨工业大学,2011.

［65］方国华,钟淋涓.我国水污染防治对策研究［J］.生态经济,2004(8):70-72.

［66］程华,张冬.饶河流域水污染防治规划研究［J］.水利规划与设计,2020(10):32-35.

［67］田一梅,王煊,汪泳.区域水资源与水污染控制系统综合规划［J］.水利学报,2007,38(1):32-38,46.

［68］石玉敏,王彤,胡成.辽河流域水污染防治规划实施状况分析［J］.安徽农业科学,2010,38(36):20869-20871.

［69］焦涛,袁文波,刘萌斐,等.基于 FEFLOW 的退役化工地块地下水污染风险预测研究——以泰州市某退役化工地块为例［J］.环境保护科学,2021,47(4):138-142.

［70］李芳,顾正聪,姜言欣.以某化学肥料制造项目为例浅析 FeFlow 在地下水环境影响评价中的应用［J］.环境科学导刊,2021,40(2):78-81.